人 文 中 国 书 系

中国服饰

华 梅 著

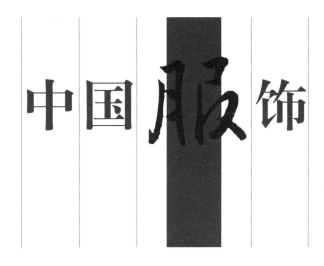

五洲传播出版社

图书在版编目（CIP）数据

中国服饰 / 华梅著. -- 北京：五洲传播出版社，2023.3

ISBN 978-7-5085-5010-7

Ⅰ.①中… Ⅱ.①华… Ⅲ.①服饰文化－中国 Ⅳ.①TS941.12

中国版本图书馆CIP数据核字(2022)第245517号

中国服饰

著　　者：华　梅

责任编辑：黄金敏

装帧设计：田　林

出版发行：五洲传播出版社

地　　址：北京市海淀区北三环中路 31 号生产力大楼 B 座 6 层

邮　　编：100088

发行电话：010-82005927　010-82007837

网　　址：http://www.cicc.org.cn　http://www.thatsbooks.com

设计制作：北京原色文化艺术有限公司

印　　刷：北京市房山腾龙印刷厂

版　　次：2023 年 3 月第 1 版第 1 次印刷

开　　本：710×1000 毫米　1/16

印　　张：10

字　　数：100 千字

定　　价：70.00 元

目 录

前　言

  几乎从服饰出现的那天起，人们的社会身份、生活习俗、审美情趣，以及种种文化观念就已融入其中了。服饰的面貌是社会历史风貌最直观最写实的反映，从这个意义上说，服饰的历史也是一部生动的文明发展史。

  中国人习惯把日常生活概括为"衣食住行"，服饰排在了第一位，可见它在生活中的重要性。在这个历史悠久的衣冠大国，不仅有丰富的考古资料记录其服饰发展的历史，在古代神话、史书、诗词、小说以及戏曲中，与服饰有关的记载也随处可见。

  中国服饰文化，可上溯到原始社会旧石器时代晚期。考古发现，大约两万年前，在今天的北京周口店一带生活过的原始先民已经佩戴饰品，在那里出土了白色的小石珠、黄绿色的砾石、兽牙、海蚶壳、鱼骨、刻出沟槽的骨管，都穿有精致的孔眼，孔眼里还残留着赤铁矿粉的痕迹，专家推测这是悬挂在身上的饰品。当时的人们佩戴饰品，当然不只是为了美，更有趋吉辟邪的目的。出土的骨针还保留着磨成长圆形的孔眼，可见那时的人们已不满足于简单地

隋代女服，多短衣小袖长裙，系裙到胸部以上，看上去优雅简洁。这种穿法在韩国传统女服中仍可见到。(高春明绘，选自周汛、高春明著《中国历代妇女装饰》)

1

取用动植物材料，从而发明了用针缝制
兽皮的技术。

中国新石器时期（前8000—前2000
年）遗址迄今已发现一千余处，几乎遍
布全国。当时社会生产的主流，已由原
始的渔猎和采集转变为较固定的农业耕
作，并出现了纺织、制陶等手工业和一
定的劳动分工。在中国西部的青海省，
人们发现了5000多年前的彩陶盆。这些
陶盆上的图案看上去是模拟狩猎的舞
蹈，有的彩陶盆上描绘的舞蹈人头上
带着辫饰，腰间垂着尾饰，还有的盆上
的舞蹈人穿着圆鼓鼓的裙子，这种富有
张力、立体感很强的造型在中国传统的
裙装中很少见，它既不飘逸，也不厚
实，更像西欧人的撑箍裙。毗邻的甘肃
省也出土了差不多相同年代的彩陶罐，
人物的着装被后世的研究者称为"贯口
衫"——一种人类早期服饰中具有代表
性的式样：在一块相当于两个衣身长度
的布幅中间挖洞或豁个长口，穿着时，
将头从孔洞中伸出，然后用绳子将前后
身的布料拦腰一系，款式很像束腰连衣
裙。另一件彩陶瓶更是吸引了人们好奇
的目光——它的形状很像俏皮的少女：

1995年在青海省同德县出土的彩陶盆。图案为穿着
圆鼓鼓的裙子手拉手舞蹈的人，这种裙子在中国
传统服饰中很少见。(李占强摄)

1973年在甘肃省秦安县大地湾遗址出土的人头形器
口彩陶瓶，是距今5600年前的器物。陶瓶通高31.8
厘米，细泥红陶质，人物五官清秀，留着刘海、披
发，鼻翼微鼓。瓶口设在人像头顶，瓶身绘三层由弧
线三角纹和柳叶纹组成的黑彩图案。(李占强摄)

新石器时代遗址出土的项饰、蝶形玉佩和玉玦。（李占强摄）

额前短发齐眉，脑后长发披肩，面部五官清晰可辨，颈以下是连续图案，图案由三层斜线与弧线和三角形等组成。当年制陶者塑造的或许就是一个真实可爱的少女，图案描绘的就是少女身上美丽的花衣。能够说明原始社会时期中国人服饰状况的还有岩画，上面留有原始人戴耳饰的图像。而在四川巫山大溪新石器时代遗址中，还发现了大量的实物，仅清理出的各种耳饰就有64件，质料有白玉、象牙、绿松石等，形状则有圆形、梯形及长方形，有的还做成了玦形。

随着等级制的形成，各种区分尊卑的礼仪应运而生，这也促使了有关服饰规约和制度的形成。中国的衣冠制度早在周代（前1046—前256）已逐步定型，周代的服饰种类已有了祭礼服、朝会服、从戎服、吊丧服、婚礼服等区分，上至王者下至庶民，都有相应的服饰规定，并记录在治国典章中。而本书着重对中国古代服饰加以介绍，亦在借此向世人展示一个文明古国精致考究的服饰传统。周代厘定的服饰形制随着春秋（前770—前476）战国（前475—前221）时期诸侯争霸、百家争鸣，曾一度被打破，服饰风格趋向多元，

上层社会人士的着装追求奢靡之风。

汉朝（前206—公元220）的统治者以周礼为蓝本，颁布了明确的服饰制度。当时的服色有春青、夏赤、秋黄、冬皂之分，与四季、节气的特点相呼应，服饰风格古朴庄重，妇女上衣下裙的日常服装成为后世汉族妇女着装样式之模本。

魏晋南北朝（220—589）是民族大融合的时期，虽然政权频繁更迭、战乱不止，但也是思想活跃、文化繁荣、科学上有重大进步的时期。这一时期，不仅有后代文人士大夫所津津乐道的魏晋风度，更有北方强悍的游牧民族取代汉族成为统治者后对汉族文化的冲击和革新，迁入中原的少数民族与汉人杂居，其服装样式影响了汉族人的服饰，同时也接受了汉族服饰文化的影响。

梳双垂髻、腰部束宽宽的腰袱的唐代妇女像。公元8世纪，中国唐代服装传入日本，对日本的和服产生了很大影响，和服上图案的名称有"唐草"、"唐花"、"唐锦"等，和服的基本造型从那时起沿用至今。（唐人画《调琴啜茗图》局部，选自周汛、高春明著《中国历代妇女装饰》）

隋朝（581—618）统一全国，重新推行汉族的服饰制度。其后的唐朝（618—907），国力强盛，社会开放，服饰华美清新，女人著低胸短衫或争穿窄袖男装的形象成为那个时代特有的标志。到了宋朝（960—1279），汉族妇女开始有束胸的习惯，无分男女老少尊卑贵贱都喜欢穿素净儒雅的"背子"。元朝（1206—1368）是蒙古族统治中国建立的政权，蒙古族的服饰以头戴帽笠为主，男子多戴耳环，国家的服饰制度既承袭汉制，又糅合了本族的传统。而随着政权再次易手于汉族统治者，明朝（1368—1644）颁布了针对前朝的禁胡服、胡语、胡姓

【披发】

披发是中国古代先民最原始的、未经任何妆饰的一种发式。在中国古人的观念中，"身体肤发，受之父母，不敢毁伤"，须发完好与躯体的健全是同等的重要的，因此，中国古代汉民族聚居区不尚剪发的习俗持续了到了近代。中国古代将剪发列为刑罚之一，以此惩处有罪之人，使其遭受精神痛苦，所以古人有了过失或犯了错误，常常割下自己的部分头发，以此表示引咎自责。

的法令，衣冠沿袭仿效唐代形制。明朝上至帝王下至文武百官的官服朝服，其形制、等级、穿着礼仪相当繁缛，刻意追求高雅堂皇之感。

满族建立的清朝（1644—1911）历两百多年，是中国服饰变化最大的一个时期。先是由于满族统治者强制汉族人改承满人服饰传统引起了各地汉人的激烈对抗，继而政府采取妥协政策，满汉服饰渐趋交融，长袍马褂成了后人论及清代服饰时首先想到的典型式样。

1840年以后，中国进入近代社会，对外通商口岸增多，发展出像上海这样华洋杂处的大都会。在欧美时尚潮流的带动下，中国本土服饰发生了变革。工业化的纺织印染带来的价格低廉的进口衣料渐渐取代了以传统工艺加工的国产面料，缝纫精致、款式入时的西式成衣也在中国找到了市场，费工费时、工艺考究的滚、镶、

晚清时期，从西方进口的缝纫机已应用于传统的成衣加工业。（吴友如绘《媲美夜来》）

嵌、绣等传统手工缝制服饰的手段渐渐被规模化、机械化的服装加工业所取代。

回顾20世纪的中国服饰，旗袍、长衫、中山装、学生装、西服、礼帽、遮阳帽、丝袜、高跟鞋、工农服、列宁服、布拉吉、军便服、夹克衫、喇叭裤、牛仔裤、迷你裙、比基尼、职业装、朋克装、T恤衫……种种不同时期不同风格的服饰见证了时代的变迁。而被视为中国典型服饰的旗袍，不过是从20世纪20年代以后风行起来的，这种脱胎于清代满族女服的服装品种，在吸收了汉族女服的工艺特点和20世纪西方女子服饰时尚的基础上不断演变，已成为当今国际时装界不容忽视的时尚元素。

在这个由56个民族组成的多民族国家，伴随着民族间的相互融合，服饰的样式和穿着习俗不断演变，历代服饰不仅有朝代

2009年11月，中国国际时装周2010春夏系列在北京举行，此为一位中国设计师的设计作品展示。(张彦山/CFP)

之别，同一朝代的不同时期也有显著的差异。中国民族服饰的整体特点是色彩鲜明、工艺精美、重视细节装饰，各民族服饰的风格、款式迥然不同，不同的生存环境、生产生活方式、风俗习惯、审美情趣无不体现在其民族服饰中。中国民间服饰深深植根于民间生活与民俗活动中，带着浓郁的乡土气息，生命力也非常旺盛，流传至今的很多，比如农历新年的红绒头花，端午节的老虎奔拉，情人互赠的服饰信物，用天然植物编织的箬笠、蓑衣，还有手工制作的虎帽、虎鞋和猪鞋、猫鞋、屁股帘儿等等。

　　随着现代化进程的加速，越来越多中国城市人的服装已不再具有典型的民族性特征，而在广阔的农村，特别是一些少数民族聚居区，多姿多彩的服饰仍以鲜活的形象装点着当地人的日常生活，与美丽的山水共同构成了当地特有的民俗景观。

贵州陇嘎长角苗妇女整理巨大的束发。
（李贵玄摄，香港《中国旅游》图片库提供）

著纯棉对襟夹袄的传统农民形象 (1950 年摄,新华社摄影部提供)

20世纪50年代身著苏格兰格纹裙的北大学生 (1954年摄,新华社摄影部提供)

街头穿着时尚的年轻人 (陈澍摄, lmaginechina 提供)

2009年10月,四位中国设计师在上海时装周上联合发布他们设计作品。(俊影/CFP)

简明古代服饰史

广袖长袍

　　古代中国人在相当长的时间里都采用上衣下裳的着装形制，认为这种服饰结构象征着天地秩序，郑重场合时穿用的礼服大多如此。但与此同时，也向来不乏上下连属的服式，从战国时期的深衣、始于汉代的袍服、魏晋的大袖长衫，一直到近代的旗袍，都是属于长衣样式。中国服装也因此呈现了两种基本形制。

　　"深衣"，从字面上看，就是用衣服把身体深深地遮蔽起来，这与中国传统的伦理道德相关。古代中国社会的主流思想强调男女有别，两性间不可太亲近，不能随便往来，即便是夫妇，也不能共用一个浴室、共用一个衣箱，甚至于晾晒衣服的衣架都要分开；婚后的妇女回到娘家，自己的兄弟也不能与她在一个桌子上吃饭；女子出门必须遮蔽得很严……如此等等，都表现出极强的禁欲主义倾向。儒家经典著作《礼记》等书中详细记述了这些着装上的礼仪规定。

　　深衣由上衣下裳连接而成，裁剪制作自有特点，与其它衣服不同。《礼记》中专门设了一章，题目就叫"深衣"。主要意思大致如下：战国时期，深衣的样式是符合礼仪制度的，它的造型既合乎规矩，有圆有方，又对应均衡；尺寸上也有一定要求，短不能露肤，长不能拖地；前襟加长，成一个大三角，再缘上衣边；腰间则要断开裁制，即腰上为衣料的直幅，腰下取衣料的斜幅，以便于举步；衣袖的腋部要能够适于肘的活动，袖的长

汉代女服为绕襟深衣，三重领，衣身绣乘云纹，衣袂、衣领均有锦制缘边，穿起来显得身材挺拔。（高春明绘，选自周汛、高春明著《中国历代妇女装饰》）

河南信阳出土的漆绘木俑，为著曲裾深衣、挂佩饰的妇女形象，袍服的衣袖有垂胡，这种袖式后来也常用，可以使肘腕行动方便。服装为上衣下裳，裳交叠相掩于后，腰前系玉佩。（李占强摄）

龙凤虎纹彩绣纹样复制图（选自沈从文编著《中国古代服饰研究》）

短大约是从手部再折叠回来时恰到肘部。深衣既可以文人穿，也可以武士穿，可以在做傧相时穿，也可以行军打仗时穿。深衣属于礼服中的第二等，功能完备且不浪费资财，风格上也朴实无华。这一时期著深衣的形象，不仅可以从一些出土于古墓的帛画上看到，同一时期的陶俑、木俑也有不少这类人物形象，不仅款式清楚，花纹也历历可见。

深衣的材料多为白色麻布，祭祀时则用黑色的绸，也有加彩色边缘的，还有的在边缘上绣花或绘上花纹。穿深衣时，将加长的呈三角形的衣襟向右裹去，然后用丝带系在腰胯之间。这种丝带被称为"大带"或"绅带"，带子上根据需要可插笏板，笏板并非仅供大臣上朝时使用，还相当于记事用的便携笔记本。后来随着游牧民族服饰对中原人的影响，革带出现在了中原地区的服饰中。革带再配上带钩，用作系结。带钩做工精致，已成为战国时期新兴的工艺美术品种之一。长的带钩可以达到30厘米左右，短的也有3厘米。石、骨、木、金、玉、铜、铁等质料应有尽有，奢华的带钩镶金饰银，或雕镂花纹，或嵌上玉玦和琉璃珠。

到了汉代，深衣变形为曲裾袍——一种有三角形前襟与圆弧形下摆的长衣。同时还时兴直裾袍，即直襟的长袍，也叫"襜（chān）褕（yú）"。刚有直襟袍时，不准将其作为礼服，不准穿着出门或在家中接待客人，《史记》中就有穿着襜褕入宫对王不恭敬的说法。之所以有这样的禁忌，是因为汉代以前中原人的裤子是无裆的，只有两条在腹前连接的裤腿，样子像是现在婴儿穿的开裆裤。由于裤子没有裆部，外衣裹得不严时极易露丑。儒家经典中说到着装规矩时，一再强调虽暑热不得掀起外衣，不趟水不得提起外衣。中原人坐着的标准姿势是先跪后坐，名为"跽（jì）坐"，明文规定不许"箕坐"（即不能将两腿伸向前方，像个收物用的簸箕），实际上与当时裤子的样式有关，为的也是防止露丑。随后，由于中原人与西北骑马民族的密切交往，合裆裤渐渐为中原人所接受，并逐渐推广开来。

不管是汉墓壁画，还是画像石、画像砖，或是陶俑、木俑，汉代人物几乎都穿袍，男子较为普遍，也包括一些女子。所谓袍服，是指过臀的长衣，主要有几个特点：一是有里有面，或絮以棉麻，称为夹袍或棉袍；二是多为大袖，袖口部分紧缩；三是多为大襟斜领，衣襟开得较低，领口露出内衣；四是袍领口、袖口、前襟下摆处多有一个深色布的缘边，上面织着夔（神话中一足一角的龙）纹或方格纹等。袍服的长短也不一，有的长到踝骨，一般多为文官或长者穿；有的仅至膝下，或至膝上，多为武将或重体力劳动者穿。

在袍服成为最主要的服装之后，

【辫发】

辫发是将头发分为数缕，然后纠结成辫。这种发式起源于原始社会末期。大约在战国时期，汉族妇女的发式发生了较大变化，一种新型发式——发髻开始流行，梳辫者日益减少。汉族妇女重新恢复辫发习俗，已经到了清代。特别在晚清至民国时期(1912—1949)比较流行。这个时期的妇女一般都喜欢将头发编成单辫，辫梢拖得极长，通常都在膝部以下，有时甚至垂至地面。不过，梳这种发辫的大多为未婚女子，已婚女子则以梳髻为主。这种女子梳辫的发式在20世纪50年代再度兴起，直至80年代初才逐渐由各发卷发、直发发取代。

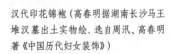

汉代印花锦袍（高春明据湖南长沙马王堆汉墓出土实物绘，选自周汛、高春明著《中国历代妇女装饰》）

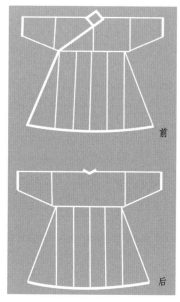

深衣前后片示意图（臧迎春提供）

深衣并未完全消失，尤其在女服中得以延续。先是汉代女服大襟的长度越来越长，以致形成绕襟深衣。在湖南长沙马王堆一号汉墓出土帛画中，有墓主人著绕襟深衣的形象，绕襟、三重领，再加上满身细密的龙飞凤舞的刺绣图案，尽显中华女服之美。

袍服的款式发展到魏晋南北朝（220—589）时，开始向大敞袖（无紧缩袖口）、宽衣襟等特点发展，被称为"褒衣博带"，即宽大衣身长衣带的意思。着装者因此而呈现出优雅洒脱的风神气韵。这一时期，男子的长衣越变越简单越随意，而女子的长衣却越变越复杂越华丽。东晋大画家顾恺之（约345—409）在《列女传仁智图卷》中描绘的女子，著杂裾垂髾服，衣襟下缘裁制成好多个三角形，三角形上宽下窄，形似旌旗，沿着三角形缘边，绣有图案。当衣襟裹起来

带钩是古代中国人束在腰间皮带一端的挂钩，至少在春秋早期，革制的腰带上已开始使用。这是一件猿形银带钩。（李占强摄）

后，这些下垂的三角形层层叠叠错落有致，新颖、典雅，透着装饰的美。肥大的袖子和宽长的下摆，加之腰际围裳之间系有飘带，使着装者变得飘逸而充满浪漫情调。虽然是画，但那飘飘欲仙的服饰形象却呼之欲出。

深衣和袍服有同有异，都是上下连属的长衣，但深衣没有延续下来，袍服倒是一直穿用到近代——即使是21世纪的中国人，也还能想起它的模样——宽大笔直的袍身，斜在右腋下的大襟，朴素简洁的款式配着一些细腻精致的织绣花纹。

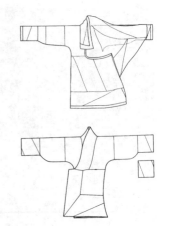

曲裾袍之表面结构示意图（选自沈从文编著《中国古代服饰研究》）

袍服式样历代都有变化，汉代的广袖深衣、唐代的圆领襕袍、明代的直身长袍都是典型的宽身长袍，穿着者多为文人及统治阶层，久而久之，宽衫大袍成为了不事劳作的有闲阶级的典型服饰，也是汉民族的一种传统服饰形象。

湖南长沙马王堆汉墓帛画中的墓主及仆从像。（选自沈从文编著《中国古代服饰研究》）

胡服汉化

著裤褶的陶俑(李占强摄)

早在战国时期,赵国的第六位国君赵武灵王(?—前295)意识到赵国军队的武器虽然比胡人优良,但大多数是步兵和兵车混合编制的队伍,加上官兵都身穿长袍,甲靠笨重,结扎繁琐,动辄就是几万、几十万,而灵活多变能够迅速出击的骑兵却很少,于是力排众议倡导本国的军队效法西北游牧民族的胡服骑射,也就是著短袍、长裤操练骑马射击。结果,赵国的军队很快就强盛起来。

不仅如此,这种当初屡遭排斥才被汉族人认可的服装式样,到了魏晋南北朝已经由军服变为中原地区的日常服装。当然,这里还有一个很重要的原因,就是这一历史阶段战乱频仍,南北民众因躲避战争而大规模迁徙,客观上为服饰文化的交流提供了便利。

裤褶和裲(liǎng)裆就是所谓的"胡服",从形象上不难看出,这两种样式都便于骑马,而且适宜气候寒冷的地带。

所谓"裤褶",是一种上衣下裤的服式。西汉人史游撰写的《急就篇》中注明,裤褶是一种套装,上衣为齐膝袍服,身短而广袖。游牧民族穿用肥袖怎么适宜骑马追赶牲畜等剧烈的活动呢?其实原本是瘦袖的,后来传到中原一带才演变成了肥袖。《急就篇》中说,裤褶的上装为"左衽之袍"即西北民族习惯的大襟向左掩的袍式,这一点区别于中原汉族人向右掩的习惯。因而

当时的中原人也将西北人称为
"左衽之人"，"衽"是指衣
服的前襟。此时的袍，实际上
就相当于一个短上衣，上衣式样虽大同小异，
却也多种多样。我们从资料中看，魏晋南北朝
时期的裤褶上装，既有左衽，也有右衽，还有
相当多的对襟，甚至有对襟相掩，下摆正前方
两个衣角错开呈燕尾状，服装结构因此丰富了
许多。一身裤褶穿起来特别精干，在南朝墓内
画像砖和陶俑中很常见。

裤褶的下身是合裆裤。这种裤装最初是很
合身的，细细的，看起来相当利落，一副健步如飞的样子。传到
中原以后，尤其是当某些文官大臣也穿着裤褶装上朝时，引起了
一些保守派的质疑，认为这样两条细裤管立在那简直不合体统，
与古来的礼服上衣下裳的样式实在是相距甚远。在这种情况下，
有些人想出一个折衷的办法，将裤管加肥，这样立于朝堂，显得

裤褶（周汛绘，
选自周汛、高春
明著《中国历代
妇女装饰》）

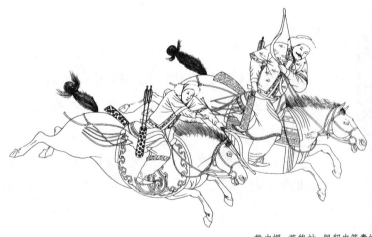

戴皮帽、著貉袖、佩貂皮箭囊的宋代北方民族骑
士（选自沈从文编著《中国古代服饰研究》）

战国时期著丝绦束腰、绣纹短衣、佩短剑青铜武士（山西长治出土）服装复原图。（选自沈从文编著《中国古代服饰研究》）

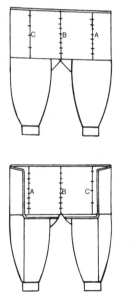

战国时期男裤结构示意图（选自沈从文编著《中国古代服饰研究》）

与裙裳无异，待抬腿走路时，仍是便利的裤子。可是问题又来了，裤管毕竟太肥了，如果遇上泥泞荆棘之地可就麻烦了。于是，又有人想出个好办法，将裤管轻轻提起用两条丝带系在膝下，这就两全其美了。这种被称作"缚裤"的形象在南朝画像砖和陶俑上屡见不鲜。魏晋时有"广袖朱衣大口裤"之说。20世纪80年代初，青年人流行穿喇叭裤，有人就将魏晋时的缚裤指认为喇叭裤的源头，其实不是，只是缚裤经丝带系扎之后，呈现出的廓形很像是从膝部以下扩展的喇叭裤。或许这两种裤形是人类服饰构思的一种巧合。

裲裆是这一时期的另一种代表服式，也是由西北引入中原的服饰风格。东汉（25—220）末年的一部专门探究事物名源的著作《释名》中称："裲裆，其一当胸，其一当背也。"可知裲裆，实际上就是没有袖子的坎肩或称背心、马甲。这几种称谓都很形象，"坎肩"就是将衣服的肩以下砍去；"背心"则是指仅护住前心后背；"马甲"之称更有趣味，因为战马身上罩的铠甲只挡躯干，是不护四肢的。从当时的随葬品陶俑和墓葬壁画、画像砖上的服饰形象看，裲裆的样式多是前后两片，肩上和腋下以襻扣住。也有可以穿在里面的，

有皮的、棉的、单的、夹的，尺寸也可大可小。裲裆的说法虽然很久都听不到了，但被称为坎肩、背心、马甲的服式一直延用至今。

裤褶与裲裆，这两种服装在当年风行一时，男女皆穿。裲裆下配裤装的穿法未脱开上衣下裳的中华民族服饰原形，但也体现了服饰文化的交流与融合。

魏晋风度

在中国政治史上，魏晋两百多年间无疑是一个黑暗时期，政权频繁更迭，战祸屠杀，几无宁岁，再加上天灾和瘟疫，人民生活动荡不安。固有的礼法制度完全崩坏，儒学失去了统治人心的力量，而与此同时，随着老庄学说的流行、佛经的翻译、道教的发展、清谈的兴盛，在当时的士族社会产生了人性觉醒的思潮。贵族官宦子弟追求个性解放，在各个领域引领着社会时尚和舆论，充当着"文化精英"的社会角色，他们广泛结交、品评人物、控制舆论，形成了强大的清议势力，这引起了传统势力和皇权的恐慌，许多人都因此招来杀身之祸。

可以说，中国古代文人所遭遇到的生命的危险和心灵的苦闷，无过于魏晋。而魏晋文人的另一种典型形象，却是饮酒、奏乐、纵情山水、服寒食散、扪虱谈玄或潜心参道理佛，政治的险恶促使一些文人在这些方面寻找慰藉和解脱。他们反对传统礼教，要求摆脱那种虚伪和束缚，回归真实自由的生活。逍遥、养生、纵欲三种不同的人生

魏晋妇女穿杂裾宽袖长袍，发式为两鬟卷曲呈蝎子尾式，为战国、西汉之复古样式。（周汛绘，选自周汛、高春明著《中国历代妇女装饰》）

【角羁】

角羁是中国古代幼童发式的统称。古代婴儿出生后满三月，例应举行剪发仪式，据说这样做可以防病消灾。具体做法是沿发际环剃四周，只留少量余发在头顶。婴儿渐长，头发渐多，则将其头发集束于顶，左右编结成两个小发髻。因其形状与牛角相似，故名"总角"，也称"总髻"。男童的发式称"角"，女童的发式称"羁"。古代男女在告别了男角女羁的童年时代之后，发式便有了较大区别。男子多将头发合为一髻，竖立于头顶；女子则分别编成两个小髻，左右各一，因其形状如汉字"丫"，故称丫髻或丫头。时间一久，"丫头"便成了长辈对少女或十多岁青年女子的代称。

态度都有相当多的拥趸。士族阶层的生活情趣和行为方式因此发生了重大的变化，在一些日常举止中有意反叛传统道德，着装上也极力制造一种洒脱、豁达、飘逸、不拘小节的风尚，或不修边幅、解衣当风，或褒衣博带、熏衣剃面、傅粉施朱。士族阶层的情趣最终影响到社会各个阶层的服饰风格。

这一时期，以门阀官资计人之高低贵贱，人被分为九品，世族为士，平民为庶，界限严格，互不通婚。为标榜门第，婚丧嫁娶，不仅富贵人家崇尚奢侈，就连普通的庶民家庭也讲求铺张排场。《世说新语》中记载了一件趣事。阮籍（210—263）和他的侄子阮咸（生卒年不详）住在道南，另有些姓阮的人住在道北。北阮富，而南阮穷。每年七月七日，北阮时兴晒衣，摆出来的都是绫罗绸缎，有借晒衣之俗以摆阔的意思。有一次，阮咸用竹竿挑了一条粗布大裤衩立于中庭，旁人不解，

魏晋时期的贵族男女服饰，下图左侧戴梁冠的贵族男子形象为日本皇室男礼服所仿效。（据辽宁省辽阳古墓壁画绘，选自沈从文编著《中国古代服饰研究》）

问他晒这个干什么？他回答说：我不是也不能免俗吗，因此也来凑个热闹。这种行为本身，即是对绫罗绸缎、锦衣玉食的生活，以及权贵阶层的礼俗的嘲讽和抨击。

"竹林七贤"是指魏晋时的七位名士，阮籍和阮咸也包括在内。今天的人们还可以在壁画上看到他们的着装形象——个个衣襟曳地，袒胸露怀，手背、小腿、脚都暴露于外。这在中国封建社会的文人形象中是极少见的，因为只有贩夫走卒才会这样赤裸着胳膊和腿。不仅如此，他们的性情也放荡不羁，比如在传世的绘画作品中，就有"竹林

笼冠在中原地区流行很广，是北朝的主要冠式之一。这是一种北朝贵族白漆纱冠，看起来十分精致。（选自沈从文编著《中国古代服饰研究》）

七贤"中的刘伶、嵇康、王戎梳着儿童的丫髻，傲岸不驯、玩世不恭的形象。

就中国服饰而言，文人代表了一个层面的文化品位，他们的趣味极大地拓展了中国古代的审美观念和审美活动。古代中国人关于"美"的观念，起初甚质朴，春秋时形容美的诗句是"手如柔荑，肤如凝脂，领如蝤蛴，齿如瓠犀，螓首蛾眉；巧笑倩兮，美目盼兮"，赞赏没有雕琢装饰的美。在一篇传诵至今的战国时期描写女性之美的文章中，形容美女的眉目"眸子炯其精朗兮，瞭多美而可观。眉联娟以蛾扬兮，朱唇的其若丹。素质干之醲实兮，志解泰而体闲"（见宋玉（生卒年不详）《神女赋》）。在另一篇文章中，这位作者又更为详尽地说明了他对美女的认识："增之一分则太长，减之一分则太短；著粉则太白，施朱则太赤。眉如翠羽，肌如白雪，腰如束素，齿如含贝"（见宋玉《登

梳双环髻、穿对襟大袖衫、足蹬高歧履
的南朝妇女形象（高春明绘，选自周汛、
高春明著《中国历代妇女装饰》）

徒子好色赋》)。汉魏以后，曹子建《洛神赋》对女子衣饰之美的描写，则繁复多了："秾纤得衷，修短合度。肩若削成，腰如约素。延颈秀项，皓质呈露。芳泽无加，铅华弗御。云髻峨峨，修眉联娟。丹唇外朗，皓齿内鲜。明眸善睐，靥辅承权。环姿艳逸，仪静体闲。柔情绰态，媚于语言。奇服旷世，骨像应图，披罗衣之璀璨兮，珥瑶碧之华琚。戴金翠之首饰，缀明珠以耀躯。践远游之文履，曳雾绡之轻裾。"审美标准由质朴转向富丽，汉是过渡期，魏晋是成熟期。妇女重视修饰，以及修饰之进步，是这时代重要的表现。

魏晋时期，特别是东晋时期（317—420），随着东汉礼教伦常观念的崩溃，贵族女性追求自由放纵的生活方式，她们蔑视传统社会规定给女子的义务和职责，热衷于社交活动，喜欢出外游山玩水，投身于艺术、文学与玄学研究，标榜这种有违封建"妇德"的生活方式。正是这种率性而为、毫无顾忌的处世态度，才导致了女子服饰向繁丽、夸饰的方向发展。广袖长裙、飘带长垂、裙袂飘飘、头饰巍峨富丽，成为魏晋服饰的时尚。

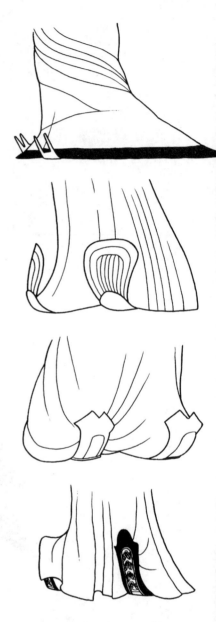

自上而下分别为汉代、南北朝、隋代、唐代鞋头式样。(选自沈从文编著《中国古代服饰研究》)

唐代绘画作品《高士图》展现了魏晋时期潇洒不羁的文人形象。(华梅提供)

唐装万象

　　就封建社会的文化和经济发展状况而言，中国的唐代无疑是人类文明发展史上的一个巅峰，唐朝政府不仅对外国实行开放政策，允许外国人到中国经商、吸引外国留学生，甚至允许外国人参加选拔官员的科举考试和出任官职，对外来的文化、艺术、宗教采取欣赏和包容的态度，使当时的首都长安成为了中外文化交流中心。特别值得一提的是，唐朝妇女不必恪守传统规范，她们可以穿袒露胸臂的宽领服装或吸收其他国家

唐代女服变化万千，可归纳为三种类型：窄袖衫襦、长裙，胡服，女着男装。图为梳高髻、着"大绣纱罗衫"与长裙、佩披帛的贵族妇女。(周汛绘，选自周汛、高春明著《中国历代妇女装饰》)

服饰风格穿出异国情调，还可以穿胡服男装骑射，而且享有选择配偶和离婚的自由。相当富足的物质基础和相对宽松的社会环境，使得唐代的文化空前发展，诗歌、绘画、音乐、舞蹈等领域群星璀璨。加之在隋朝已奠定了坚实基础的纺织业到了唐代有了长足进步，缂丝、印染的技术也达到了相当高的水平，服装材质品种之多、产量和质量之高不仅前所未有，不拘一格的服装样式亦在当时成为了世人推崇的美丽时尚。

盛世唐装中最夺目的要数女装，以及妇女那变幻多样的发髻、佩饰和面妆。唐女讲求配套着装，每一套都是一个独具特色的整体形象。人们不是凭自己一时心血来潮，而是依据所处的社会背景，将服饰艺术

【梳篦】

中国是个注重礼仪的国家，人们对自己的仪表容貌十分重视。蓬头垢面无异于耻辱，为保持鬓发整洁不乱，古人身边常备梳篦，以便随时加以梳理，也因此逐渐形成女子冠梳的习惯，梳篦也由生活用具演变为装饰品。

公元8世纪上半叶骑阔装鞍马的贵族妇女及仆从（据唐代绘画作品《虢国夫人出游图》摹绘，选自沈从文编著《中国古代服饰研究》）

日本画家所作屏风画，以中国唐代女子形象为题材，可见唐代服饰形象对日本的影响。

著胡服胡帽是武则天时代（684—704）的时髦服饰，主要特点是襟袖窄小，翻领长衣，足蹬软锦靴。（此三种人物形象据陕西西安韦顼墓出土的壁画摹绘，选自沈从文编著《中国古代服饰研究》）

之美发挥到了极致。因而，每一种搭配都个性鲜明，又有着令人玩味的文化底蕴。唐女的配套装可归为三种，除了受丝绸之路影响而引进的胡服以外，还有中原典型传统襦裙装和打破儒家礼仪规范勇敢穿起的整套男装。

先来说一下襦裙装。上为短襦、长衫，下为裙，这也许算不上新颖，但唐女将它穿出了新样。如短襦或长衫，在圆领、方领、斜领、直领和鸡心领的交替流行中，竟索性将其开成袒领，这是在前朝未曾出现过的创新之举。最初还主要为宫廷嫔妃、歌舞伎等穿用，但很快便引起仕宦贵妇的垂青，这说明唐代人思想是非常开放的。儒家经典明确规定要用衣服将身体裹得很严，妇女尤其要遵守，像唐代女装这样领子低开至双乳上侧、露出乳沟的款式是其他朝代女人所不敢想、不敢做的。

唐代仕女画家张萱（生卒年不详）、周昉（生卒年不详）惯画宫中艳丽肥硕的女子。周昉的《簪花

仕女图》中，美人著裸肓长裙，上身直披一件大袖纱罗衫，轻掩双乳。画家的写实笔法，既如实地描摹出唐代细腻透明的衣料，又逼真地描绘出画中人柔润的肩和手臂。

唐代崇尚丰满、浓艳之美，赏花喜欢赏牡丹，人则讲究男无肩女无颈，马也要头小颈粗臀部大。在唐代绘画中我们不难看到，唐女为了显示自己丰满，特意将裙子做成六幅、八幅、十二幅，还嫌不够，于是就出现了将裙腰提高，直到腋下的款式，这样就看不见女子的腰身，只见一个圆滚滚的外形。

对于唐裙的描绘，诗人几乎想尽了绝妙的诗句，除了款式之外，还有不少提及裙色。从诗中可以看到，当年的裙色相当丰富，而且来自官方的束缚少，可以尽人所好。仅色彩就有深红、杏黄、深紫、月青、草绿、郁金等，其中以石榴红裙流行时间最长。李白、杜甫、白居易诗中都有关于石榴裙的描述。《燕京五月歌》中记述石榴裙流行盛况，说石榴花开的时候满是浓重艳丽的石榴红，千家万户买石榴花给家中的女子染红裙，可以想象有多么壮观。郁金裙也是以植物色染成的，但这种植物不同于原产

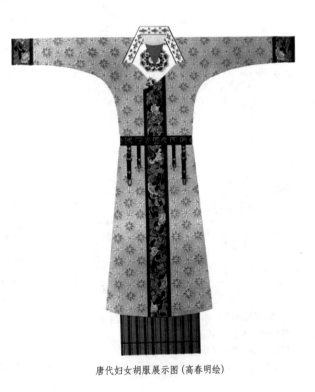

唐代妇女胡服展示图（高春明绘）

唐代的男子服装主要是圆领袍衫。袍服的用途非常广泛，上至帝王，下至百官，礼见宴会均可穿着，甚至将其用作朝服。(宋人作《唐人游骑图》局部，华梅提供)

小亚西亚的郁金香，而是姜科多年生草本植物，其肥大根状茎及纺锤状块根的汁液能够染布、而且散发着香气。唐中叶时一位公主的百鸟裙，更是中国织绣史上的名作，其裙以百鸟羽毛织成，白天看是一色，灯光下看是一色，正看一色，倒看一色，而且裙上呈现出百鸟的形态，可谓巧夺天工。

女子襦裙装并不只是上衣下裳，还有其它款式用以补充或装饰，如半臂，就是一种短袖衫，现代人都是在夏天穿着，可是唐女穿时，常套在长袖襦衫的外面，其功能与坎肩有些相似。只因袖的长度在坎肩和长袖的中间，所以称半臂。穿起来也是娉娉婷婷，体态美妙怡人。

唐女爱披一件帔子，或是两只胳膊上搭着披帛。这两种装饰物的样子，区别在于帔子阔而且短，一般披在一肩，从出土的唐

唐代妇女化妆顺序图表

（高春明编制，选自周汛、高春明著《中国历代妇女装饰》）

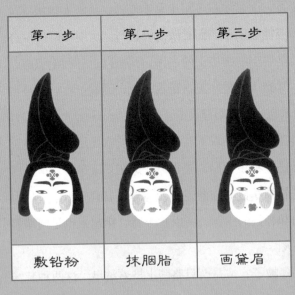

第一步	第二步	第三步	第四步
敷铅粉	抹胭脂	画黛眉	贴花钿

第一步	第二步	第三步
敷铅粉	抹胭脂	画黛眉

唐代不同时期妇女妆面（华梅提供）

代女俑上可以看到逼真的效果。传说有一次宫中露天筵席，唐明皇大宴群臣。一时风起，将杨贵妃的帔子吹到贺怀智的幞头（一种黑绸巾裹成的帽子）上。由此可见，帔子的材质可以是很轻盈的，当然也不排除以厚重毛织帔子御寒的可能性。披帛就是我们通常所说的"飘带"，长长的，一般较窄，从身后向前，搭在小臂上，两端自然下垂，后人画仙女和古装仕女，怎么也忘不了这种美妙的披帛。

与襦裙装相配合的足服，有凤头高翘式锦履，也有麻线编织的鞋或蒲草鞋，软软的，但很精致、很轻巧。这除了绘画作品为我们提供了形象资料以外，在新疆等地出土文物中可以看到实物。

唐女著襦裙装时，头上一般不戴帽子，花冠等是属于装饰性的，出门时则戴一圈垂纱的帷帽。这种帷帽从唐初开始流行，至盛唐时，女人们连帷帽也不屑于戴了，干脆露髻骑马出行。当年发式可谓多变，体现着唐女的奢华之风。仅高髻，就有云髻、螺髻、半翻髻、反绾髻、三角髻、双环望仙髻、惊鹄髻、

回鹘髻、乌蛮髻及峨髻等，另外还
有较低的双垂髻、垂练式丫髻以及
抛家、半翻、盘桓等30多种。这些
发髻大多因形取名，也有的以少数
民族的族称取名，今天的人们除在
唐代仕女画中看得到发髻上插满了
金钗玉饰、鲜花以及酷似真花的绢
花的具体形象外，还能从出土文物
中一睹各种精致的金银首饰和绢花
的实物。

面妆虽说不是唐女发明的，
但唐朝女子妆容可谓奇特华贵、变
幻无穷。唐女在脸上广施妆艺，
不只是涂上妆粉，以黛描眉，以
胭脂涂两颊，以唇膏点唇，还要在
额头上涂黄色月牙状"额黄"（亦
称"鸦黄"）饰面。据说是模仿
西北民族的黄面佛妆。眉式也花样
翻新，传说唐玄宗曾命画工画十眉
图，这也是风流皇帝在服饰史上留
下的逸事。眉式的名称很美，有
"鸳鸯""小山""三峰""垂
珠""月棱""分梢""涵
烟""拂云""倒晕""五岳"
等，再加上民间流行的柳叶眉、却

敦煌藏经洞出土绢画 (9世纪)

唐代妇画眉样式的演变

（高春明编制，选自周汛、高春明著《中国历代妇女装饰》）

图	说明
	贞观年间（公元627－公元649年）
	麟德元年（公元664年）
	总章元年（公元668年）
	垂拱四年（公元688年）
	如意元年（公元692年）
	万岁通天元年（公元696年）
	长安二年（公元702年）
	神龙二年（公元706年）
	景云元年（公元710年）
	先天二年——开元二年（公元713－714年）
	天宝三年（公元744年）
	天宝十一年（公元752年）
	约天宝——元和初年（公元742－公元806年）
	约贞元末年（约公元803年）
	晚唐（约公元828－公元907年）

月眉、阔眉（桂叶眉）、八字眉等眉形，可谓美不胜收。除了各式眉形，双眉中间还饰有花钿，可以用鸟羽、黑光纸、螺钿壳，也可以用金箔、鱼鳃骨、云母片或者直接用颜料画；眉梢处还描上一道"斜红"。嘴唇以唇彩点出各种时兴的唇形，在唇角外一厘米处再点上两个黄豆大小的红圆点，美其名曰"靥"。盛唐以后，靥的范围越来越大，扩展到鼻翼两旁，还变化出钱形、杏桃形、小鸟形、花卉形等。人们在敦煌五代时期的莫高窟61窟壁画上，便可见到这种"薄妆桃脸，满面纵横花靥"的女供养人形象。

这些面妆并不都是唐代的创造，有些带着前代的传说，故事美妙动人。如花钿，传说南朝宋武帝刘裕（363—422）有一位女儿叫寿阳公主。正月初七那天，寿阳公主行于（一说卧于）含章殿下，忽然

微风吹来一朵梅花，恰巧贴在寿阳公主的额头，拿不掉也洗不掉，看起来很美，于是一种被称为"寿阳妆"或叫"梅妆"的面饰在民间流行开来，陪伴了唐代乃至宋代女性很长时间。唐代李复言在《续玄怪录·定婚店》中记下了这样一段故事：有人名韦固，一日路过宋城，在一家客栈下榻，当晚看见月下老人倚着装满红绳的袋子闲坐。按照中国人的说法，月下老人用红绳将男女二人的腿系在一起，这二人就是夫妻了。韦固遂上前询问自己的妻子是谁，老人翻开婚姻簿查了一下，说城北头卖菜婆的女儿就是，时年刚刚三岁。韦固听了很生气，就命仆人去射杀那女孩。仆人不忍，匆忙间只刺伤了女孩的眉心。十几年后，刺史王泰看韦固勇猛可信，就将自己的义女嫁给了他，新娘额头装饰着花钿，夜晚卸妆惟独留花钿不取下。韦固奇怪，一问才知道，正是当年被自己派人刺伤的那个女孩。这是一段传奇故事，但由此也不难看出，女性白天在脸上施以装饰，在当时已蔚然成风。关于"斜红"的传说是，三国时魏文帝曹丕（187—226）曾有个宫女，名叫薛夜来，文帝对她十分宠爱。一天夜里，文帝正在灯下读书，夜来上前侍候，不小心撞在水晶屏风上，顿时鲜血顺着太阳穴流下来。痊愈后，脸侧依然留着红色的瘢痕，可是文帝依然喜爱她。于是，宫女们竟以此为时髦，纷纷用胭脂在脸上画对称的红瘢。刚开始时叫"晓霞妆"，状如清晨的红霞，后来大多称之为"斜红"。

就在唐女认为面部再也没有地方涂抹花样时，面妆

【巾帼】

"巾帼"一词常被用作妇女的代称，就因为它是妇女的专用之物。巾帼是一种假髻，是用假发（如丝、毛等物）制成的貌似发髻的饰物，使用时直接套在头上，无需梳挽，其外形与发髻相似，妇女戴假髻的情况自汉代沿袭至清代。

之风却陡然一变。《新唐书·五行志》中提到，唐代中期以后，女性一度流行不施脂粉，而且以黑色的膏脂涂唇。诗人白居易也在《时世妆》诗中写道："时世妆，时世妆，出自城中传四方。时世流行无远近，腮不施朱面无粉。乌膏注唇唇似泥，双眉画作八字低。妍媸黑白失本态，妆成近似含悲啼。"这种被称为"啼妆"或"泪妆"的妆容，配以堕马髻、弓身步、龋齿笑，格外惹人怜爱，因而风行一时。

与花枝招展的襦裙装相比，将整套男服穿在身则别有一番情致。唐代典型男服是头戴幞头，身穿圆领袍衫，腰间系带，脚登乌皮六合靴。这身装扮男子穿着干练、潇洒又不失儒雅，女子穿别有一种洗尽铅华却添帅气、俏皮的风度。尽管儒家经典中早就规定"男女不通衣裳"，但唐代女子穿男装的形象在张萱《挥扇仕女图》《虢国夫人游春图》以及敦煌莫高窟壁画上都出现过；《旧唐书·舆服志》和《中华古今注》中也记载，唐代女子穿男装，包括皮靴、袍衫、马鞭、帽子，不论身份尊卑，甚至不管在家还是出门，都这样装束。由此可见，唐代社会开放，对女性的束缚很少。

摹《朝元仙仗图·乐部》局部（选自沈从文编著《中国古代服饰研究》）

盛世唐装就是这样散发着耀眼的光芒。尽管今天的人们习惯将对襟袄通称为"唐装"，以其代表中国传统服饰，但那不过是一种以唐代为荣的说法。事实上，现代的唐装远不及唐代的服装璀璨夺目、千姿百态而富有生命气息。当年"万国衣冠拜冕旒"的气势多么宏大，唐代中国才真正称得上是"衣冠王国。"

文雅的背子

最常见的宋代服装是"背子"。背子的款式，以直领对襟为主，前襟不施襻纽，袖子可宽可窄；衣服的长度，有的在膝上、有的齐膝、有的到小腿、有的长及脚踝；衣服两侧开衩，或从衣襟下摆至腰部，或一直高到腋下，也有索性不开衩的款式。

在同一个时代，背子被男女老少不分尊卑贵贱地喜爱，实在是一件很奇特的事情。在题为《瑶台步月图》的画作中，穿着背子的女子尽显文静优雅；河南禹县白沙宋墓出土壁画上的女伎穿着背子；山西晋祠泥塑中也有穿背子的侍女。

宋代的男人穿背子，则多是在家休息时。那种不系襻纽、可宽可窄可长可短的直腰身款式，真是再休闲不过了。在一幅据传是宋徽宗赵佶（1082—1135）自画像的《调琴图》中，国君也是穿着一件深色衣料的背子。敦煌的壁画中，有一位佛教故事中的著名人物，在唐代绘画中还穿着唐人的圆领袍衫，而到了宋代，便也是一袭背子在身的形象了。

着直领对襟窄袖背子的宋代妇女形象（高春明绘，选自周汛、高春明著《中国历代妇女装饰》）

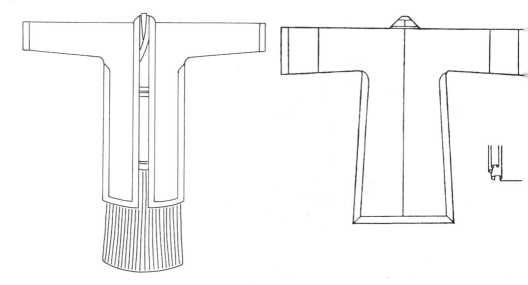

背子正面平面示意图（华梅绘）   背子背面示意图（臧迎春绘）

男式背子出土实物（金宝源摄）

宋徽宗赵佶的画作《听琴图》(局部)。画中抚琴者即为画家本人,一代国君闲居时亦着背子,可见这种服饰的普遍性。

　　背子的穿着虽说不特别讲究性别、身份,但主要还是集中在中上层人士之中,重体力劳动者仍旧穿短衣短裤。背子的广泛穿着,说起来与宋代文化是密不可分的。从造型上看,这种衣服的轮廓直直的,把人的身体裹成一个圆筒,没有曲线,与袒领、阔裙、轻纱罩体大袖衫的唐服有着鲜明的区别。两相比较,唐人的服装华美张扬,宋人的服装含蓄内敛、有一种禁欲倾向。这种着装心理紧扣宋代的社会思潮——强调严格的人伦秩序,如君与臣、父与子、夫与妇之间的绝对尊卑和从属关系,个体的欲望表面上被禁灭,实际上通过一种内化的手段,探索更为深邃的精神空间。

　　也正因如此,中国古典美学精神在宋代达到了极致——建筑讲究白墙黑瓦,陶瓷讲究单色釉,绘画讲究写意风格的水墨山

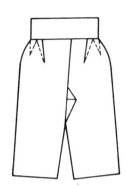

宋代女裤结构示意图（正、背）（据福州黄升墓出土文物绘，选自沈从文编著《中国古代服饰研究》）

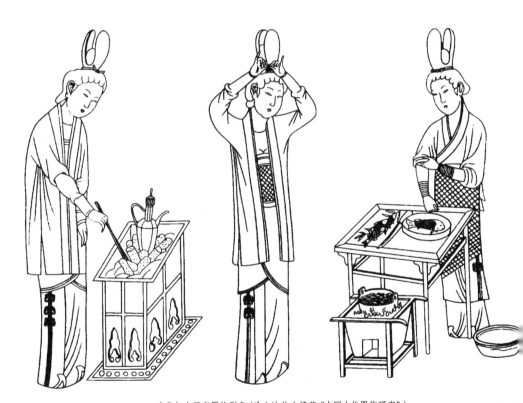

宋代妇女居家服饰形象（选自沈从文编著《中国古代服饰研究》）

37

明代妇女水田衣（周汛绘，选自周汛、高春明著《中国历代妇女装饰》）

水，就连赏花也推重梅、兰、竹、菊等用以借喻人之清高品格的种类。背子的样式简约，风格素雅，真正是以简胜繁的杰作，而且，当时的人们着装只要洁净就可以了，并不刻意追求新颖，避免与众不同。背子正传达出那种简约至极的物象之美。

男人穿裙的最后朝代

中国明代一度时兴肖像画，艺术家们写实而传神的作品，刻画了当时的服饰形象以至服饰的细节。

明朝，是中国男人穿裙的最后一个朝代，明朝最后一位皇帝崇祯（1628—1644在位）在国破家亡之际，命其皇子换上青布棉袄、紫花布裌衣、白布裤、蓝布裙、白布袜、青布鞋、皂布巾，打扮成平民百姓模样，以避战祸。可见当时平民男子是穿裙的。在画家戴进的绘画作品《太平乐事图》中，骑在水牛背上和步行的农人都穿着短裙，即那种围在腰间，一圈皱褶，长仅及膝的裙子。裙子里有长裤或短裤。如今京剧中丑角店小二的典型服饰形象，还保留着这种皱褶短裙的基本造型。

肖像画中最常见的是官员和文人的形象，人物大多戴儒巾或四方平定巾，穿大襟长衫，有的还手拿拂

绘画作品中的明代人物形象 (华梅提供)

尘。扬州西部明代墓穴出土过一套文人服饰，其中有拖着长长垂角的儒巾，有镶着深色缘边的圆领宽袖斜襟大袖衫，还有高筒毡靴。如今，类似的配套服饰造型可以在京剧的舞台上见到，戏中文人雅士的着装风格就来自明代的儒生形象。

最能体现明代女装特色的是长长的直至膝下或裙边的坎肩，当年被称作"比甲"，织花面料上再施刺绣，领处有镶上的领抹，对襟处缀以玉佩，精巧细致、温柔典雅。明女着比甲的形象在明朝仕女画中随处可见。明朝女性以身材修长为美，而比甲恰恰能在视觉上给人苗条、挺拔的印象。明朝平民女子多以紫花粗布为衣，袍衫只能用紫色、绿色、桃红，不许用金绣、不许用大红、鸦青和正黄色，着装服色不可冒犯皇权。

明代女性的襦裙装与唐代女服相比，少了几分雍容，多了几分恬静，也不像宋代女装那样拘谨和板直。那些着襦裙的明女，不似唐女那般张扬、任性，却是安静而端庄的，她们穿着窄袖或宽袖襦衫、肥瘦适中的带有织花图案的长裙，腰间常有打成蝴蝶结的腰带，腰带的两端长长地垂至膝下。一般在腰带的右侧垂下一串绦带，中间打成八宝结或蝴蝶结。结与结之间穿着玉佩，也有人佩着披帛，成年女性们头上也戴着簪钗。总体看来考究但不奢华，十分雅致。

明朝襦裙的款式与整套搭配后的形象，比较接近宋代襦裙装，只是在侍女、丫环等年轻女性穿着时，常爱加一条短小的腰裙，大约是为了干活

明代妇女所用抹胸（高春明绘，选自周汛、高春明著《中国历代妇女装饰》）

天津杨柳青年画作品《山海关雪景》反映了明朝男子穿裙的形象。（王树村藏）

【跪坐礼俗】

古代常见的坐法是跪坐，即将两膝着席，臀部坐压在足后跟上。如果要向人致礼，只需将躯体引直，臀部和足跟稍微分离。假如要向人行重礼，就半两手的手心按于席，臀部依旧压在足跟，是为拜。如果坐地席上，将双足伸展，则犯了大禁，是失敬之举。这一礼俗的形成与裳的不严密有关。

或活动时不弄脏长裙的缘故吧。此外，由于有个腰裙，等于多了个层次。我们从明朝绘画中看到，年轻姑娘们的腰裙不会平展地垂在腹臀部，它会因质地柔软而出现自然的褶皱，于摇曳的动感中更添几分俏皮，如果再配上头部的环髻或丫髻，更显得活泼秀丽。

风格优雅娴静的明代女服，不仅继承了唐宋服饰的精华，而且汇集了中国古装仕女的装饰、情态之美。也正因如此，明以后直至今日，人们描绘的没有确定朝代的"古代女性""神话女性"多著明装。

而明代戏曲、小说的繁荣带动了刻坊书肆的发达，木版插图兴盛起来，也因此留下了当时形形色色的平民服饰形象：有士者、淑女、丫环、老妪、舞者、村姑、车夫、渔父、艄公、随从、僧侣、童子，有脚夫、乞

丐、衙役、农民、商人、还有绿林好汉、有牛背牧童……尽管故事不都发生在明朝，但由明人刻制的版画插图，却不可避免地带有明服特色。

明人着装与明朝肖像画有着如影随形的关系，服饰丰富了画面，绘画记录了服饰。

满汉融合的旗服

现在一说到清朝服饰，人们首先想到的就是男子的长袍马褂和女子的袍服——早期腰身宽大，而后逐渐时兴收腰款式，外面套有"坎肩"。事实上这并不足以代表清朝两百多年的服饰形象。

清朝建立之后，由东北入关执掌政权的满族人，其生活环境和生产、生活方式都发生了巨大的变化。满族人传统的便于骑射的服饰与汉族的服装大异其趣，统治者为了消灭汉族人的民族意识，在开朝初期严令禁止汉族人穿汉装，强制汉人换掉大襟袄衫、裙、裤等，一律穿上满人的无领对襟袄褂和长裤。其中，最令汉族人反感的是按满族的习俗在前额剃发，后脑留发梳辫。许多坚持明朝习俗佩戴方巾、拒绝剃发留辫的汉人遭到了杀戮。这激起了汉人的强烈不满，有的地方因此发生了战乱；有的人宁可剃光头当和尚；有的人在头部画上明朝的方巾，以示不忘故国衣冠；有的人取名"守发""首发"，用隐讳的文字表达内心的愤

满族女子穿袍而不穿裙，袍服是她们最普遍的日常服装。（周汛绘，选自周汛、高春明著《中国历代妇女装饰》）

慨。这种激烈对抗的形势迫使清朝政府采取了相应的妥协政策，男子、官员、成年人、儒生、娼妓的服饰随满族旗服，女子、衙役、少年儿童、和尚、道士以及戏剧、丧葬、婚仪等所用服饰可以沿袭汉人习俗，由此缓和了剃发易服引起的统治危机。因而，在清初至清代中期，满族女子与汉族妇女的发式、衣服和鞋都有着明显的区别。

缝缀云肩镶边大袄实物（金宝源摄）

清代女裙实物（周祖贻摄）

中国服饰

清代早期皇室妇女家常装束，衣式各不相同。左二人着旗袍，右二人着比甲、长百褶裙。
（选自沈从文编著《中国古代服饰研究》）

满族女子穿袍而不
穿裙，袍服是她们最普
遍的日常服装。袍里面穿
裤，满族贵妇穿的礼服袍还要加马蹄袖
和繁复的装饰、配件。便服袍有可单穿
的衬衣和罩在外面的氅衣两种。衬衣圆
领右衽，掩襟直身平袖，有五个纽，衣
长掩足，袖分有袖和无袖两类，面料以
绒绣、织花、平金绣为多，周身加以
边饰。氅衣穿在衬衣外面，左右开衩
至腋下，衩顶饰以云头，边镶和纹饰
繁复精细。氅衣多在正式场合穿。袍

清末彩绣镶宽边旗袍实物（周祖贻摄）

44

❂❂历代妇女唇妆样式图表

（高春明编制，选自周汛、高春明著《中国历代妇女装饰》）

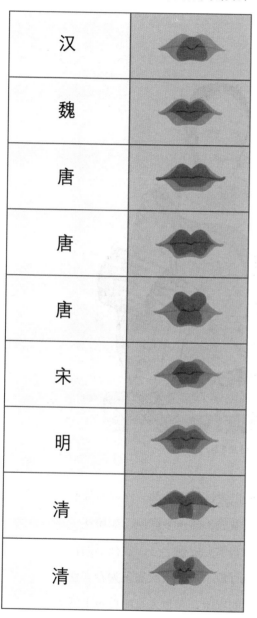

襦一般没有领子，所以贵族女子平时在家时也爱围着一条小围巾。早期袍身宽大，后来越来越窄，清末时，袍服的腋部收缩已不明显，廓形基本上呈平直状，领、袖和衣襟都镶有宽阔的花边，长度不减。

满族女子梳的发髻是在头发中插入架子卷成扁平状的双角，也称"两把头"。发髻上常饰有鲜艳的大花朵，有的还缀有垂穗，很艳丽也很独特。满族女子本不缠足，她们的鞋极有特点，是一种在鞋底中间有高跟的式样。木底下一般装有3、4厘米高甚至15厘米高的木跟，跟形像花盆的称"花盆底"，跟形像马蹄的称"马蹄底"。

汉族女子在清初依旧保留着上衣下裳两截穿衣的着装特点，平时穿袄裙，裙内穿裤。如果单穿裤，外面不套裙装，说明这个女人出身卑微。上衣从内到外依次为兜肚、贴身

清代汉族妇女着袍衫坎肩形象（天津杨柳青出品的木版年画，王树村藏）

小袄、大袄、坎肩、披风等。兜肚以银链悬于颈部，只有前片而无后片。贴身小袄可用绸缎或软布做成，颜色多鲜艳，如粉红、桃红、水红、葱绿等。大袄分季节有单夹皮棉之分，衣袖早期较瘦，后期逐渐放大，至清末时又流行短小。外罩坎肩多为春寒秋凉时穿用。披风为天凉时外出穿用的衣服，高贵人家的披风上绣

着五彩夹金线，并缀着各式
珠宝。

汉族女子的裙装种类
繁多、样式多变，集中体现
在裙子样式的流变上。清初
曾一度时兴"月华裙"，一
种是以10幅布帛折成数十
个细裥，每裥各用一色，轻
描细绘，色雅而淡，宛如月
光掩映，另一种是在一道裥
之内，五色俱备，如同映现
的月色光晕。还流行过一款
"弹墨裙"，裙料底色素
雅，印的散花颇具墨画笔

清代汉族妇女着袍衫坎肩形象（天津杨柳青出品
的木版年画，王树村藏）

韵，非常雅致。康熙至乾隆年间流行凤尾裙，衬裙的外面缝缀上
以各色绸缎做成的狭窄的长条，每条绣以不同花纹，两边镶滚金
线或饰以花边，显得富丽堂皇，多为富贵人家女子穿着，普通人
家女子结婚时也要置办一条。清代中叶以后，人们在原来的基础
上又发挥艺术想象力，将裙料均折成细裥，实物曾见到有300条裥
的。裙摆绣满水纹，穿着者走动起来，其水纹一折一闪，非常耀
眼。后来在每裥之间以线交叉相连，使之能展能收，形同鱼鳞，
因此得名"鱼鳞百裥裙"。清朝末期，又出现裙上加飘带的，飘
带裁成剑状，尖角处缀以金、银、铜铃。不但裙身华丽异常，而
且穿着走动时，裙子叮当作响。

当年女装中有一种美丽的装饰，因其披在肩上，前后和两肩

四个角都做成云形，形同中国的吉祥物——如意，叫做"云肩"。边缘处一般还要垂下层层流苏。这种形式的装饰最早见于唐代，但是清代女子佩戴最为普遍，新婚和行大礼时总少不了。

清代中后期，满汉两族女子的常服已经差别不大，用当时来华的西方人的眼光看，共同的特点就是宽大的袍衫将削肩、细腰、平胸、单薄、小巧的东方女子罩在其中，绝无奇装异服可言。

清初，汉女发式与明朝时大同小异，梳平髻，发型低矮而贴体。中期开始仿清廷宫女，以高髻为时尚。清末又讲究在脑后梳圆髻，未婚女子则梳长辫或双丫髻、二螺髻。至清末，原先作为

19世纪末，一些开明的官宦人家女子远渡重洋到欧美游学，她们带回了欧美服饰。
（吴友如绘《聚粲衣服》）

长袍马褂、男子蓄发梳辫是清朝平民较为普通的服饰形象，左侧人物头戴礼帽，即清代末年所谓受到西方文明影响的"新派人物"。（天津杨柳青年画作品，王树村藏）

【清代礼冠】

清代礼冠自成体系，与传统冠式大相径庭，如祭祀庆典用朝冠，平日上朝戴吉服冠，燕居时戴常服冠等。每种冠制又分冬、夏二式，冬季用貂鼠、海獭、狐皮等制成圆形，帽檐翻卷；夏季用藤竹、篾席或麦秸等编成锥形，状如覆锅，外裹白色、湖色或黄色绫罗。所谓朝冠、吉服冠和常服冠的区别，主要在于冠上的顶饰：朝冠之顶多用三层，上为尖形宝石，中为圆形顶珠，下为金属底座。吉服冠顶则比较简便，只有顶珠和金属底座。至于常服冠，则用红绒线编织成一个圆珠附缀于顶。

幼女发式的"刘海儿"，即前留齐眉短发的样式，已不分年龄大小了，少女、少妇都留"刘海儿"头。

汉族女性也讲究在发髻上插花，而且以鲜花和翠鸟羽毛为时尚。冬季时，特别是中国人传统大年——春节期间，女性们不分年龄都爱戴红色或粉红色的绒绢花，这些花一般都被做成一定的图案，并寓意吉祥。北方妇女喜欢在髻上插一两支银簪，冬天喜欢戴皮毛头饰，兼有御寒和装饰作用；南方妇女则爱在头上横插一把精致的有图案的木梳，遮阳或挡风时常裹戴头巾，天寒时也戴帽箍——一种只围头部一圈的黑绒、黑缎子头饰，以带子结于脑后。

汉族女性在四五岁时就开始缠足。除了从事重体力劳动的妇女外，贵族士庶人家女子若是大脚，那断然是嫁不出去的。缠足的陋习始于宋代，此后很长时期，

尖尖的小脚被视为美女的必备条件，直到清朝末年，由于有识之士纷纷在各地创办"不缠足会"，在争取女权、倡导妇女解放的运动中，女性的双足才渐渐得以解放。

或许是由于满族人早年以游牧生活为主的缘故，清代的满人喜欢在身上佩戴许多日常用品，男子腰间佩着眼镜盒、扇子套、鼻烟壶或烟袋锅、打火石、钱袋、香荷包、小佩刀等，妇女也爱随身带着小件日用品，不过不都系在腰带上，而是在大襟处佩带成串的什件，如牙剔、小镊子、耳挖勺等，多的达十几件。另外还佩戴成串的鲜花或手帕。不仅如此，首饰也佩戴齐全，如金银玉料的耳环、臂钏、手镯、指环、项圈、宝串等，即使是穷苦人家女子，也要戴上几件银饰。

衣冠之治

龙袍威仪

　　中国历史上有个"黄袍加身"的故事，说的是公元959年，一位皇帝病死，由他年幼的儿子即位，第二年，掌握兵权的将军赵匡胤被手下将士披上黄袍拥为皇帝，立国号为宋。为什么"黄袍"就代表着皇帝呢？这要从汉代说起。

　　中国的阴阳五行说认为，金、木、水、火、土五种元素相生相克。白色代表金元素，青（绿）色代表木元素，黑色代表水元素，红色代表火元素，黄色代表土元素。周代以红色为高级服色，秦（前221—前206）时以黑为最高地位的服装颜色，帝王百官都穿黑色衣服，汉灭秦后逐渐以黄色为最高级的服装颜色，皇帝穿黄色衣服。至唐代时，宫廷下令，除皇帝以外，官员一律不许穿黄衣服。自那时起，这种规定一直延续到中国封建社会最后一个朝代，那位被推翻了的末代皇帝溥仪（1906—1967）十一岁时，看见八岁的堂弟衣服的里子有黄色绸，还揪着他的袖子说："你怎么敢用黄？"可见即使被夺了皇权，在他们心中黄色在那时还有天下

五代时期著宽袖长袍、戴凤冠的皇后（高春明绘，选自周汛、高春明著《中国历代妇女装饰》）

独尊的权威性。

冕服和龙袍是中国古代皇帝的典型服饰。这些衣服、配饰体现了中国人独特的审美观、宇宙观和宗教观。在古代中国社会，哪一个等级的人在哪一个场合穿哪一种衣服，都是有严格规定的。皇帝在重要场合穿的礼服有一个专门的名称"冕服"。

冕服包括冕冠，上有一块木板称"冕版"，做成前圆后方形，象征天圆地方，戴在头上时后面略高一寸，呈向前倾斜之势，以示帝王向臣民俯就，就是真心惦记臣民、尊重臣民的意思。前后有成串的垂珠，一般为前后各十二串，根据礼仪的轻重、等级差异，也有九串、七串、五串、三串之分。每串穿五彩玉珠九颗或十二颗，冕版两旁垂有两根彩色丝带，丝带下端各悬系一枚丸状玉石，提醒君王不要轻信谗言，这同冕版向前低就的戴

汉代皇帝冕服图（高春明绘）

头冠直脚幞头，着圆领襕衫的宋朝皇帝
（华梅据南薰殿旧藏《历代帝后图》绘）

法一样，都有政治含义。冕冠戴在
头上后，须要以簪子从一孔穿发髻
再由另一孔穿出来固定。

　　中国人上衣下裳的穿法就是对
天地之别的认识，这一秩序不可颠
倒。帝王的衣服多为玄衣纁（xūn）
裳。玄为黑色，纁为绛红色。冕服
采用了两种颜色，上以象征未明之
天，下以象征黄昏之地。帝王穿的
衣服上常绣卷龙，另外还有十二种
花纹，这些花纹以具有象征意义的
动物、日月等自然景观为主，是帝
王服饰上最有代表性的图案，诸侯
的礼服上也可以用，但根据官级和
礼仪繁简有别。

　　上衣下裳的冕服腰间束带，带
下垂一块装饰，名叫"蔽膝"——
它源于人们缠裹兽皮的时代，那时
主要为了遮挡前腹和生殖部位，后
来有了规整的服装，人们仍以它垂
挂在腹前，成为礼服中重要的组成
部分。再以后，蔽膝完全是为了保
持贵者的尊严了。帝王的蔽膝用纯
朱色。

　　与冕服相配的鞋，一种是丝

清朝的皇帝、皇妃画像（北京故宫博物院藏《清代帝后
像》局部）

54

绸作面，木为底，底为双层；还有一种是单层底，夏用葛麻，冬用兽皮。对应礼仪的高低规格，皇帝穿赤、白、黑不同颜色的鞋子。

中国皇服最突出的特征是绣龙，明清时有袍绣九龙的定制——在龙袍前后两肩、两袖等处绣成对称的八龙，然后再在大襟的里面绣一龙，以象征君权神授、九鼎之尊的皇家威仪。

官服的演化

衣冠服饰常常能透露一个人的社会身份，特别是在等级森严的封建社会，等级制度在服饰上表现得尤为明显。在古代中国，着装规范不仅是民间习俗，更是国家礼制的一部分，历朝历代都有各种条文、律令，对服装的材质、色彩、花纹和款式作出详尽规定，将皇族、文武官员和普通百姓的服饰严格区分开来，违者重罚。这种规范和限定各个社会阶层的穿衣戴帽并以此标识官员等级和庶民地位的做法，虽然是为了维护统治秩序，但客观上却增加了中国服饰的多样性。

说起中国的古代官服，人们会不约而同地想到头戴乌纱帽的小丑县官——身穿圆领袍，头上的帽翅左右翘动像两枚铜钱儿，腰间一条玉带，脚蹬白底黑靴。其实，古代中国官员的服饰是很丰富的，各个朝代都有自己的规定，甚至在同一个朝代里也会多次变更，自然不是就这样一种样式。

年画作品中头戴乌纱帽的古代官吏形象（王树村藏）

以袍为朝服，始于东汉（25—220），此前

55

源赖朝像。可见封建时代日本上层人士之服饰形象与中国一脉相承的关系。赖朝系镰仓幕府创立者，在13世纪初期几乎统治日本。

的官服为上衣下裳制。官服必有冠，汉代的文官多戴"进贤冠"，冠下衬有介帻（音zé，一种头巾）；武官戴武弁大冠，配平巾帻。秦汉时的男人，不分贵贱都戴帻，只不过官员的帻衬在冠下，平民无冠。魏晋南北朝时，官员戴漆纱笼冠，它的制作方法是在冠上用黑色丝纱编织丝笼，笼上涂漆水，使之高高立起，而里面的冠顶还隐约可见。汉代的冠式都前高后低。此后逐渐改制，到了魏晋时期，改"高山"冠使之卑下，此后冠式就逐渐改为平式或前俯后仰式，到了明代已基本看不到汉代冠式的痕迹。

唐代官员和士庶都戴幞头。幞头初期是以一幅罗帕裹在头上，较为低矮。后在幞头之下另加头巾，以桐木、丝葛、藤草、皮革等制成，犹如一个假发髻，以保证裹出固定的幞头外形。中唐以后，逐渐形成定型的帽子，仍称"幞头"。幞头之脚，或圆或阔，在帽子两侧状如羽翅，质硬而微微上翘，与帽身衔接处似有丝弦，因此有弹性，故称"硬脚"。

直脚幞头是宋代官员首服的独有式样，幞头两侧的直脚向左右长长地展开。为什么要那么长，有一种说法是为防止官员上朝站班时交头接耳。

明代官员的首服由唐宋幞头演变为乌纱帽，其间的样式并无多大差别，只是原为临时缠裹，后来定型成了帽子。"乌纱帽"在汉语里也成了官位的代名词。唐、宋、明三代官袍的样式变化不大，官员品级的高低一般以服色区分，有明确的规定，其间曾稍做调整，并沿用到清王朝退出历史舞台。

唐代时女皇武则天曾赐百官绣袍，文官袍绣禽，武官袍绣兽。明朝对此加以仿效，开始在官服前襟饰以有图案的补子来区分文武官员的品级。明代官员朝服为盘领右衽，袖宽三尺，袍色分三种，一品

裹发用的幞头巾子一般由黑纱罗做成，前后经历了由软式前倾演变为硬式略见方摺的变化过程，大致式样有三五种。(选自沈从文编著《中国古代服饰研究》)

唐代文官服饰。袍服式样、冠式、足衣都略有不同。(选自沈从文编著《中国古代服饰研究》)

明代文官补子传世图案,从左
至右,再自上而下。(华梅绘)
一品 仙鹤　　二品 锦鸡
三品 孔雀　　四品 云雁
五品 白鹇　　六品 鹭鸶
七品 鸂鶒　　八品 黄鹂
九品 鹌鹑　　杂职 练鹊
风宪官 獬豸

明代一品文官补服图（高春明绘）

明代武官补子传世图案，从左
至右，再自上而下。（华梅绘）

一 品 狮子	二 品 狮子
三 品 虎	四 品 豹
五 品 熊黑	六 品 彪
七 品 彪	八 品 犀牛
九 品 海马	

几种典型的古代官吏首服（选自沈从文编著《中国古代服饰研究》）

至四品穿绯袍（绛红色袍），五品至七品穿青袍，八品、九品穿绿袍；未入流杂职官与八品以下相同。而官员的常服为团领衫束带。这对京剧服饰中的官吏服饰造型有着直接影响。

对于格外重视宫廷礼仪的清朝初期的统治者来说，彰显身份阶层的官服相当重要。他们制定了中国历史上最为繁复的衣冠制度，无论色彩、纹饰、款式均出章入典、规定严谨，并以图示说明，要求后世子孙也能"永守勿愆"。朝廷设立督造官服的织造局，慎选织工绣手专事官服制作，清代官服格外讲究织工的细致、刺绣的华美和配饰的齐备。

马蹄袖、马褂是清代官服的主要元素，但朝服和常服胸前绣"补子"的做法却直接取自前代明朝——文官绣禽类，武官绣兽类，并依品级的高低绣制不同的飞禽走兽，以显示不同级别的职位和权威性。与明朝不同的是，禽兽的花样与明朝略有差异，常常配以精致的花边，突出了装饰效果，样式上，清朝的补子是绣在袍服外面的对襟大褂上，前襟补子也随之分为两块。明朝的乌纱帽到了清代换成了花翎，用孔雀毛上的"目晕"花样的多少区分级别。官员的朝服和常服，里三层外三层，行袍、行裳、马褂、坎肩、补服，重重叠叠，还要佩戴各种朝珠、朝带、玉佩、彩绦、花金圆版、荷包香囊等等，朝珠的用料又以翡翠、玛瑙、珊瑚、玉石、檀木等体现等级限定，丝绦有明黄、宝蓝、石青之分，服饰的等级之别到了高度细密的程度。

官员的女眷服饰也精雕细琢到了俱细无遗的程度，镶边有所谓"三镶三滚""五镶五滚""七镶七滚"，多至"十八镶滚"，在镶滚之外还在下摆、大襟、裙边和袖口上缀满各色珠翠和绣花，折裥之间再用丝线交叉串联，连看不到的袜底、鞋底也绣上密密的花纹。也由此体现了中国封建社会统治阶级一贯的追求享受和特权的生活态度。

纵观中国古代官服，尽管有许多讲究，但是最能体现服饰与权力关系的还是补子。补子的图案很有意思，在文官补子中有的是现实世界的动物，如仙鹤，锦鸡，孔雀，云雁，白鹇，鹭鸶，黄鹂，鹌鹑等，有的却非实有之物，如练雀，它的形状有点像鹭鸶，又有点像孔雀。武官的补子中，也各式各样，有狮、虎、豹等实在之物。也有想象出的动物，不同的动物代表不同的等级。

头戴乌纱帽，腰围玉带，带垂牙牌、牌穗，胸背补子，与一般蟒纹相似。此为明朝侯爵官服。

（选自周锡保著《中国古代服饰史》）

这幅年画作品描绘了清代各级官吏的服饰形象。(王树村藏)

古代戎装

　　在中国的神话传说中，认为打战时穿的甲是由被后世称为"战神"的蚩尤发明的（距今约5000年前）。那也正是中国从部落联盟到国家创建的时期，社会动荡，战争频繁。甲胄的出现当然是战争的产物。在氏族社会时期，为了抵御石箭木斧的攻击，利用藤木皮革制作保护身体的防护工具，是完全有可能的。

　　早期盔甲只遮住头、胸等人体的要害部位，后来的铠甲则主要由甲身、甲袖、甲裙组成。从出土实物中人们发现，殷商时已有铜盔；周代时已有青铜盔和胸甲，胸甲是遮护前胸的，用犀牛皮或水牛皮做成。从文字记载中可以看到，周代已设有专职官吏负责

宋代铠甲示意图（李凌据《凌烟阁功臣像》绘）

甲胄的生产。周代的铜铠甲多以正圆形的甲片为主，七片为一组，甲上加漆，呈白、红、黑等诸色。穿铠甲出征时，一般要外穿罩袍以示军威军仪，在战场上厮杀时才解下罩袍。

战国是个诸侯争霸、群雄割据的时代，科技、文化在那个时期得到了较大的发展，军事装备的制造技术也取得较快发展。当时的官方文献

秦代兵士铠甲图（周汛绘）

《考工记·函人》详细地记载了制作皮甲的程序和工艺以及甲胄的形制、尺寸、结构和各部位的比例，可见当时各诸侯国对甲胄高度重视。从出土文物看，铁甲出现于战国中期，是一种以铁片

秦始皇兵马俑坑中出土的步兵俑（选自沈从文编著《中国古代服饰研究》）

中国服饰

制成鱼鳞或柳叶形状的甲片经过穿组联缀而成的比较简单的兽面状胸甲，并出现了与之配套的铁头盔。

从秦始皇陵兵马俑坑和石甲胄陪葬坑的文物资料看，秦代的铁质甲胄已占相当比例，但同时也使用着大量皮甲，说明秦代正处于战国至汉代甲胄质料发展转变的过渡阶段，这也是中国古代甲胄发展史上承上启下的关键时期。甲胄质地由皮革到铁质的改变，主要缘于战国至汉代进攻性武器由青铜转变为更锋利的铁兵器，迫使作为防护兵器的甲胄随之逐步由皮质转变为铁质。

大批秦始皇陵兵马俑的出土，为人们提供了较为完整的中式铠甲的形象资料。出土的秦代兵俑分为步兵俑、军吏俑、骑士俑、射手俑等，他们的铠甲服饰装束表现出严格的等级制度，军官和骑士戴冠，普通士兵无冠。虽然不是实物，但是由于陶俑塑造得精致细腻，铠甲的结构可以看得很清楚。秦兵俑中最为常见的铠甲样式，即普通战士的装束，有这样一些特点——胸部的甲片

汉代战骑（选自沈从文编著《中国古代服饰研究》）

都是上片压下片，腹部的甲片都是下片压上片，以便于活动。从胸腹正中的中线来看，所有甲片都由中间向两侧叠压，肩部甲片的组合与腹部相同。肩部、腹部和颈下周围的甲片都用连甲带连接，所有甲片上都有甲钉，钉数或二或三或四不等，最多者不超过六枚。甲衣的长度，前后片相等，其下摆多呈圆形，不另设缘饰。目前所发现的秦代甲胄资料显示，同一类型的甲胄之间，其形制、尺寸、结构以及甲片的数量等基本相同，甚至其相同部位的甲片亦几无差异，说明秦代甲胄的尺寸、形制等在秦始皇统一度量衡的大背景下已趋于统一，同时也说明甲胄是由官府统一组

汉代将官铠甲图（邹震亚绘，选自周汛、高春明著《中国历代装饰》）

织制作的，而非私造。

　　秦代甲胄的日趋成熟和完善，决非偶然，而是有着多方面原因的。一方面，当时各国之间的战争使甲胄在制作工艺和质量上有所提高；另一方面，从甲胄自身的发展阶段来看，经过原始社会末期至秦代两千多年的漫长发展，皮甲胄的制作工艺已经相当完善，与汉代皮甲胄逐步减少的状况相比，秦代可以称为皮甲胄发展的最高阶段；同时，铁甲作为新型戎装也有所发展。

　　西汉时期，由于兵器中强弩机的制作更加精良、效力也更大了，加之铁器时代的来临，铁制铠甲增多，是军中主要装备，汉代戎装整体上有很多方面与秦代戎装相似，军队中不分尊卑都穿禅衣（一种衬衣），下穿裤，禅衣为深衣制。汉代戎装的服色为赤、绛等红色系。

　　由于战乱不断，魏晋南北朝时期的戎装在原来基础上有了很大发展，铁制铠甲、头盔相当多而且精。由于炼铁术的提高，钢开始用于武器中，武器愈加锐利，铠甲、头盔则更趋于坚固。比较典型的甲胄有筒袖铠、裲裆铠和明光铠。筒袖铠一般是用鱼鳞纹甲片或龟背纹甲片前后连属，肩装筒袖。头戴兜鍪，盔顶多饰有长缨，两侧有护耳。裲裆铠

宋代武士铠甲展示图 (邹震亚绘)

服制与裲裆衫（当时普通人穿的常服）比较接近，材料以金属为主，也有兽皮制作的，铠分前后两大片，遮住前胸后背，类同于背心式样，长至腹下，腰以下着甲裳，甲裳分左右两片。穿裲裆铠，除头戴兜鍪外，身上必穿裤褶，少有例外。明光铠是一种在胸背装有金属圆护的铠甲，腰束革带，下穿大口缚裤。这种铠甲后来使用更为广泛，并逐渐取代了裲裆铠的形制。除了人身的防

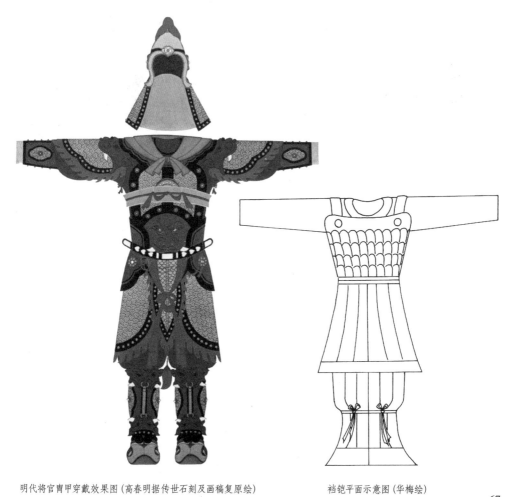

明代将官胄甲穿戴效果图（高春明据传世石刻及画稿复原绘）　　裆铠平面示意图（华梅绘）

京剧服饰中的软靠即为一种铠甲。此年画作品中武将所着服装为单袖鳞状甲，背插靠旗（制为四面），头戴插翎帅盔。（天津杨柳青年画，王树村藏）

御外，为保护战马起见，战马的身上也加以铠甲。史书中记载："甲卒十二万，铁马八千匹"。是一种人马俱铠的场面。史书中也有这一时期女子着铠甲的记载："太后出，则妇女着铠骑马，近辇左右。"

隋代使用最普遍的铠甲为裲裆铠和明光铠。裲裆铠的结构比前代有所进步，甲身由鱼鳞等形状的小甲片编制，长度延伸至腹部，取代了原来的皮革甲裙。甲身的下摆为弯月形、荷叶形甲片，用以保护小腹。这些改进大大增强了腰部以下的防御。明光铠的形制基本上与前代相同，只是腿裙变得更长。

由于唐代进行了一系列服饰制度的改革，因此其戎装形制已较完备，并具有鲜明的唐代风格。"甲之制十有三"，也就是说由十三种铠甲作为正式军服，包括铜、木、皮、布等各种材质。用于实战的，主要是铁甲和皮甲。另有一种绢布甲，用绢布一类纺织品制成，结构轻巧，外形美观，但没有防御能力，不能用于实战只作为武将平时的服饰和仪仗用装束。唐代的兜鍪、铠甲、皮靴造型考究，做工精细，而且雕铸兽头、云子花等。其中有的铠甲在前胸双乳部位各安装一个圆护，有的再在腹部加装一个圆护。甲片叠置，便于行动，其结构左右对称，方圆对比，大小配合，从整体上看十分协调。特别是盛唐时期，国力鼎盛，天下太平，大部分戎装脱离了实战功用，演变成为美观豪华、以装饰为主的礼仪服饰，不仅铠甲涂色，连内衬的战袍也要绣上凶禽猛兽。

在中国古代，通常是通过增加铠甲的甲片数量来提高其防护

（意）郎世宁绘《哨鹿图》局部，表现了满清贵族在猎场围猎时所著之骑射装束。"哨鹿"是清朝皇帝一种习武和娱乐兼有的狩猎活动。此画作于1741年。

河北武强出品的年画作品"女学堂演队图",表现了清代末年开办新式学堂后招收的女学员一身短打,腰束缚带,肩扛步枪习武的情景。(王树村藏)

力的。所以,铁甲有越造越重的趋势。宋代的戎装,一种用于实战,一种用于仪仗。《宋史》中载:全副盔甲共有1825片甲叶,各部件由皮线穿连,一般一副铁铠甲重量为25公斤左右。当时也有纸甲,较轻,具体做法是用极柔的纸加工锤软,叠成约10厘米见方,周围有四个钉,铳箭不能穿透。至于仪仗队的将士服装,多以黄帛为面,布做里,面上以青绿画成甲叶式的纹样,并以红锦缘边,以青布为下裙,红皮为络带,长至膝,前胸绘有人面,背后至前胸缠有锦带,着色。在宋朝时还出现了一种特殊的铠甲——纸甲。由于材料缺失,今天的人们对这种特殊的铠甲制作技术已不得而知。据推测是用一种特殊的蚕茧纸制成的,优点是轻便,而且防护力也较高。在当时的史书记载中有用数领精制铁甲换取一领纸甲的记载,想必性能不会太差。

到了明朝,军队开始大量装备一种棉甲,这是与当时火器大量运用于战场的情况相适应的。这种戎装的制作技术是将一定量的棉花反复捶打后，以圆形铁钉连缀。虽然防穿刺型冷兵器的性能不一定好，但是轻便适于野战，又能较好地防护火器攻击。

清代是中国古代戎装发展中变化最大的一个时期。一是满族作为统治者，对汉族军戎服装加以改造，二是火枪、火炮的运用导致了戎装的变革。清代的铠甲分甲衣和围裳。甲衣肩上装有护肩，护肩下有护腋；另在胸前和背后各佩一块金属的护心镜，镜下前襟的接缝处另佩一块梯形护腹，名叫"前挡"。腰间左侧佩"左挡"，右侧不佩挡，留作佩弓箭囊等用。围裳分为左、右两副，穿时用带系于腰间。在两副围裳之间正中处，覆有质料相同的虎头蔽膝。一般的盔帽，无论是用铁或皮革制品造，都在表面髹漆。盔帽前后左右各有一梁，额前正中突出一块遮眉，盔顶正

"矮马童军"是广西德保壮族著名的民俗活动，孩子们所着盔甲颇有古风。（陈一年摄）

中竖有一根插缨枪、雕翎或獭尾用的铁或铜管。盔后下沿垂石青等色的丝绸护领，有护颈及护耳作用，上绣有纹样，并缀以铜或铁钉。到了清朝末年，水兵、陆军、巡警等服装，已明显带有西欧军服的特征。

唐代甲士（据敦煌唐代壁画绘，选自沈从文编著《中国古代服饰研究》）

丝的传奇

中国服饰

众所周知，丝是中国独特的发明，在相当长的一段时间内，中国是世界上惟一出产和使用丝的国家。

在中国的神话传说中，中华民族的祖先轩辕黄帝的元妃"嫘祖"，是公认的养蚕取丝的始祖，她提倡养蚕、育蚕种，亲自采桑治丝。古代皇帝供奉她为"蚕神"。据考古资料，中国利用蚕丝的时代比传说中嫘祖生活的年代更早。战国时荀子（约前313—前238）所作的《蚕赋》，记述了"马头娘"的传说：一个女孩的父亲被邻人劫走，只留下了她父亲的座驾——一匹马。女孩的母亲说，谁能将女孩的父亲找回，就将女孩许配给谁。那匹马闻言脱缰而去，真的将女孩的父亲接回来了。女孩的母亲却忘了自己的许诺。马整日嘶鸣，不肯饮食。女孩的父亲知道原委后非常愤怒，认为马不该有此妄想，一怒之下将马杀了，晒马皮于自家庭院。有一天，女孩出现在庭院里，马皮卷上女孩飞上桑树，变作了蚕，从此这个女孩就被民间奉为"蚕神"。蚕神的影响波及到了东南亚和日本等地，那里都供奉"马头娘"。

神话传说之外，关于丝的早期应用，还有更为准确的资料。1958年，在新石器时代良渚文化遗址（1936年被发现于浙江余杭良渚镇，并因此得名。是中国长江下游太湖流域一支重要的古文明，距今约5250—4150年）中，出土了一批4700年前的丝织品，它们是装在筐中的丝线、丝带、丝绳、绢片等，经鉴定，认为是家蚕丝制品。尽管这些文物已

在甘肃省安西榆林石窟壁画中着回鹘服、梳回鹘髻的回鹘公主（张大千摹，华梅提供）

74

经炭化，但仍然能够分辨出丝帛的经纬度。丝带由16根粗细丝线交织而成，宽度为5毫米，丝线的投影宽度均为3毫米，用三根丝束合股加拈而成，这表明当时的丝织技术已经达到一定水平。

3000年前，商代甲骨文上已有蚕、桑、丝、帛等文字。河南安阳殷墟墓出土的铜觯和铜钺，与甲骨文同一时期，上面的菱纹与回纹印痕清晰可辨，这些丝织物的残痕表明，商代已能织出菱形斜纹的绮，而周代已能够织出多色提花锦了。1959年，江苏吴江梅堰遗址中出土的黑陶，其纹饰有蚕形纹，描绘得具体真实，反映出人们对蚕的熟悉程度。作为儒家经典中汇集了中国古代语言、文字、文学、哲学、文化思想、神话、社会生活的重要史料的《尚书》，也有关于丝的记载，在记述各地贡物的文字中，已有丝、彩绸、柞蚕丝、黑色的绸、白色的绢、细绵、细葛等物品。

精于绣工的古代女子（吴友如绘《蔡女罗》局部）

春秋战国时期，农业比之以前更发达。男耕女织成了这一时期的重要经济特征，种植桑麻，从事纺织是一种典型的社会经济图景。由于当时的养蚕方法已经十分讲究，缫出的蚕丝质量也很高，其纤

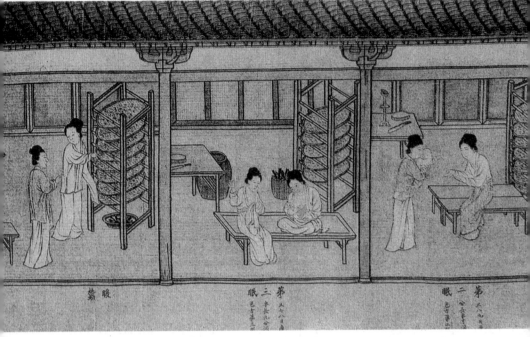

宋代绢本设色《蚕织图》局部。此图描绘了江浙一带蚕农养蚕的场景。（王树村提供）

维之细之均，可与近代相媲美。至于汉代，从1972年湖南长沙马王堆西汉墓出土的织锦来看，每根纱由四五根丝线组成，而每根丝线又有十四五根丝纤维组成，也就是说每根纱由54根丝纤维捻成。如此高的丝纺水平，同时也推动着染、绣的发展，使它的成品更加美观也更富表现力。

在深厚的文化积淀中，丝独特的质感已渐渐成为一种风格化的象征，象征着东方美学精神气质。可以这样说，因为有了丝，中国服饰才呈现出风神飘逸的灵动之美；因为有了丝，中国画中的人物形象才呈现出一种春蚕吐丝般的线条之美。

中国与中亚、西亚诸国的文化交流，早在公元前两千年左右就开始了，这是依据青铜文化发生发展情况而做出的推断。在漫长的历史进程中，正是民族间和区域间的交流往来，使得服饰文化更加绚丽多姿。而其中，贯通中西的丝绸之路起到了不可替代的重要作用。

从公元前5世纪起，中国的纺织品开始传到西方。因为丝太美太独特了，甚至被西方人赞誉为天堂里才有的东西。希腊人、罗马人将中国称为Serica，将中国人写成Seris，这两个词都是由Serge（丝）转化而来。据一本西方史书记载，古罗马的恺撒大帝（前100—前44）穿着中国的丝绸袍服去看戏，致使全场的人都不看戏，而去争先恐后观看那件丝绸衣。中国丝绸传入印度也很早，公元前4世纪的印度古书中，记载有"中国的成捆的丝"的说法。公元2世纪后，印度法律中已有关于惩罚偷丝的规定。

公元前138年和公元前119年，汉武帝曾两次派张骞（？—前114）等人出使西域，这些使者携带大批的丝绸、陶瓷等中原物

波罗湖，位于敦煌西北50余公里的古丝绸之路旁。沧海桑田，原本汪洋的湖区已变成了小得可怜的沼泽地和裸露的湖底。(Imaginechina 提供)

新疆塔里木盆地的现代维吾尔族女性，身穿当地特产"艾的丽斯"绸。(宋士敬摄，香港《中国旅游》图片库提供)

产，前往大宛、康居、大月氏、大夏、安息等国，沿途以丝绸衣料作为礼物或换取给养，同时，这些国家也将本地的毛织物及香料等赠送或出口到中国。由此，形成了一条以丝绸为主的贸易之路。从汉至唐，这条路上驼铃声声，商队往来不绝，"丝绸之路"也由此繁荣起来。

早在罗马帝国时代，丝就通过波斯大量地进入罗马市场，从而引起了罗马帝国的巨额入超。公元3世纪，罗马帝国的丝绸价格曾一度上涨到与同等重量的黄金一样贵，连奥勒良奴斯皇帝本人也不再穿丝绸衣服，也不准他的妻子穿。公元4世纪，由于经济形势好转，在新都君士坦丁堡，穿丝绸衣服的风尚又流行起来，而且逐渐普及到下层社会。

拜占庭皇帝查士丁尼统治之时，养蚕技术传入了拜占庭统治区。至公元6世纪中叶，发源于中国的丝织业，从原料生产到纺织成品这一整套过程终于在东罗马帝国的统治区扎下了根。

通常所说的丝绸之路，起点是汉唐都城长安，终点到波罗的海，丝绸之路向西方延伸的同时，也通向了东方邻国日本。公元107年，当时的日本国王派遣由160人组成的代表团来中国，重点学习刺绣、缝纫、织锦等手艺。回国后，代表团向国王汇报在中国的见闻，并呈献了带回的丝绸、织锦产品。此后百余年，日本曾多次派工匠到中国学习丝织技艺；而从中国去日本的大量织工，也为古代日本丝织业的发展做出了贡献。公元457年继位的雄略天皇热心倡导织绣工艺，曾诏令后妃、宫女养蚕，以实现他将日本变成"衣冠之国"的理想，他临终时的遗诏，有"但朝野衣冠未得鲜丽，……唯以遗恨"之语。七八世纪时，日本天皇的衮龙御衣（君王礼服），在红色的绫缎上绣有日、月、星、山、龙、雉、火等十二纹章，与中国帝王的衮袍非常相似。

在日本出版的《文化服装讲座》一书中，日本飞鸟时代（552—645）、奈良时代（673—794）以及平安时代（794—1192）前期的服装，被称为模仿隋唐时代。这个阶段的日本服装式样受到唐代服饰风格的强烈影响，以唐代中国纹样为主改良而成的日式"有职花样"，有云鹤、涌浪、龟甲、凤凰、麒麟等，是平安时代官僚阶层使用的纹饰。日本遣唐使到中国时，也带来本国的银、丝、棉、布之类与中国人交易，这无疑促进了中日之间的服饰交流。

说到丝绸之路，还不能忽略海上丝绸之路。所谓海上丝绸之路，主要是中国经

粤绣相传有一千余年的历史，明清以后更加盛行。国内以故宫藏品为最多，并具有代表性，它的构图繁而不乱，色彩富丽，光彩夺目，针步均匀多变，纹理分明，多使用浓郁的七彩原色及光影变化，具有西方绘画韵味。此为潮州刺绣厂女工在绣"龙"。（黄焱红摄，香港《中国旅游》图片库提供）

美丽的中国丝绸 (Imaginechina 提供)

位于北京前门繁华闹市区的"谦祥益"丝绸店是一家创建于19世纪的老牌名店,货品上乘。(Imaginechina 提供)

一场丝绸主题时装秀上展示的时装设计作品。(Imaginechina 提供)

东南亚沿海国至非洲的海上贸易路线,它在东汉以前开始出现,至中国元、明两代进入盛期。当年的罗马帝国曾将象牙、犀角、玳瑁献给东汉朝廷,波斯(现伊朗)、天竺(古印度)、狮子国(现斯里兰卡)以及扶南(位于现柬埔寨及越南南部地区)等国在接受中国的丝、绢、绫、锦的同时,也向中国输入了明珠、翠羽、犀角、象牙、香料、玳瑁、琉璃、火布(石棉)、吉贝(棉布)等物品。经唐、宋至元、明,海上丝绸之路进入极盛时期。其中南京、苏州、杭州生产的金锦、丝绸及各种绢、绫、锦、缎等远销到朝鲜、日本、菲律宾、印度、伊朗、伊拉克、也门、沙特阿拉伯、埃及、摩洛哥、索马里、坦桑尼亚等地。16世纪下半叶起,西班牙侵占菲律宾后,通过占领地大量收购中国丝绸,然后转运美国,从而开辟了一条从马尼拉到美国多个港口的航线,并因贩运中国丝绸而闻名。

穿越欧亚大陆的丝绸之路、海上丝绸之路,以及从陆路贯穿中国西南连接周边国家的南方丝绸之路,使明

苏州盛产丝绸。苏州妇女素有擅绣传统。优越的地理环境,绚丽丰富的锦缎,五光十色的花线,加之穷尽一生掌握的繁复技巧,使得苏绣成为中国刺绣艺术的代表作品。中华民族传统图案牡丹雍容富贵,在精美的刺绣工艺中别具优雅美感。(Imaginechina 提供)

亮、柔软的丝绸源源不断地销往中亚、西亚、南亚及欧洲诸国,中国的养蚕、缫丝、织锦技术也传播到了海外,为中国服饰在世界范围内产生影响起到了历史性的作用。同时,通过丝绸之路,其他国家的服饰、工艺、风格也对中国服饰产生了深远的影响。

中国与中亚、西亚长期保持大规模经济往来和人员流动,使得服饰的纹样和题材明显带着文化杂交的痕迹。在内蒙古诺音乌

诞生于四川成都的蜀绣是中国传统的地方名绣之一，早在汉代，成都的织锦业就很发达，它以软缎和彩丝为主要原料，运用独特的绣技，绣制被面、枕套、衣、鞋和画屏等。此为成都女绣工在绣花。（陈一年摄，香港《中国旅游》图片库提供）

用于枕套侧面的刺绣图案（鲁忠民摄）

拉发现的汉代织物上，有带翅膀的兽形，明显受到西亚"翼兽"影响。新疆民丰东汉墓出土的蓝印花布上，既有典型的印度犍陀罗风格深目高鼻的半裸体菩萨形象，又有代表中原汉族传统的龙纹图案，而中间的残留部位，还清楚地留有狮子的一条后腿和尾巴——中原人正是经由丝绸之路才认识这种猛兽的。另外，在新疆尼雅遗址出土东汉丝织物和毛织物上，既有西域的植物纹饰葡萄纹，又有希腊神话中人首马身的"堪陀儿"，还有中原的武士形象，可以说，织物记载着服饰文化的交流。

最先在希腊、罗马流行的忍冬纹，随佛教传入中国后，通过对称、均衡、动静结合等手法，将忍冬纹组合成波状、环形、方形、菱形、心形、龟背纹等各种图案，或变化成鸽子、孔雀等飞禽栖息的缠枝藤蔓，或与莲花结合成自由式图案，成为中国工艺纹样的经典图案。而联珠、对鸟、对狮与"同"字组合的纹锦，既直接采用了波斯萨桑王朝图案，又保留了以汉字做纹饰主题的传统手法。

文化交流在服装款式上的体现，以盛唐时期最为突出。西亚、东欧和中国西北少数民族的客商，将歌舞、乐器、杂技以及其他生活方式沿丝绸之路带进中原。在有关唐玄宗（712—755在位）和杨贵妃（719—756）的故事里，经常提到《霓裳羽衣曲》，其中舞者所穿的舞服"羽衣"，就是吸收了天竺（古印度）服饰特色，又与中国传统舞服相融合的。还有些纯正的外来舞蹈，如西域石国（今乌兹别克斯坦塔什干一带）的"胡腾舞"、康国（今撒马尔汗北）的"胡旋舞"所用的服装，原本是所在地的常服，却因流行歌舞的影响力被吸收进了唐朝人的舞服和日常服装。隋唐时期，中原女性接受了西北民族防风沙的"羃"，即从头遮到脚的大围巾，将其改良成了女性帽檐下的一圈垂纱。

丝织的产生和完善造就了刺绣的诞生，作为一种地域广泛的手工艺品类，不同的地区和民族都形成了各具特色的刺绣工艺。春秋战国时期，刺绣工艺渐趋成熟，这可从近百年来的大量出土文物中得到印证。这一时期的刺绣有经过夸张变形

西兰卡普即"土花背面"之意，是土家族民间的家庭手工织锦。土家族姑娘从小便随母亲学习挑织技术，姑娘长大出嫁时，还必须有自己亲手编织的西兰卡普作陪嫁。此为湘西土家族的万字花织绵。（陈一年摄，香港《中国旅游》图片库提供）

苗绣是一种独具特色的中华刺绣艺术。在服装、家居用品的面料上用彩线绣以花、鸟图案,风格古朴。(王苗摄,香港《中国旅游》图片库提供)

的龙、凤、虎等动物图案,有的则间以花草或几何图形,虎跃龙蟠,龙飞凤舞,刻画精妙,神情兼备;布局结构错落有致,穿插得体,用色丰富,对比和谐,画面极富韵律感。

进入秦汉时期后,刺绣工艺已相当发达。特别值得一提的是齐郡临淄(今山东临淄)为汉王室设官服三所,织工数千人,每年耗资万万。不仅帝王之家是"木土衣绮绣,狗马被缋(毛织品)",就连一般的富人也穿用"五色绣衣",家居用具也用绣艺。到了汉末、六朝时期,中国开始进入"像教弥增"(佛教因造像众多,故也称之为"像教")的时代,绣制佛像之风至唐盛极一时。这类绣佛巨制可在英国、日本博物馆看到,其绣法严整精工,色彩瑰丽雄奇,诚为中国古代刺绣艺术的特殊成就之一。唐代刺绣的另一成就，是绣法上的推陈出新，发明了"平针绣"——一种流传至今的绣法，因其针法多变，刺绣者更能自由发挥，从而带来了刺绣发展史上的崭新时代。

宋代是中国刺绣发达臻至高峰的时期，无论产品质量均属空前，特别是在开创观赏性的刺绣艺术方面堪称绝后。唐宋时期的刺绣的精致化趋势，主要是由它的社会环境所决定的。在男耕女织的封建社会里，女子都要学习"女红"，刺绣是一项基本技艺，正因如此，刺绣不仅是劳动妇女的"份内工作"，更是许多有闲阶级女性消遣、养性、从事精神创造活动的主要手段。绣品的功用也明确分为日用与观赏两种用途。文人也积极参与绣品的创作，形成了画师供稿、艺人绣制、画绣结合、精品倍增的局面。

明代民间手工业的崛起，为刺绣技术和生产注入了前所未有的活力，出现了以刺绣专业闻名于世的家族和个人，绣品的需求和用途尤为广泛，一般实用绣品品质普遍提高，材质更加精良，技巧娴熟洗练。明代与清代，成为中国历史上刺绣流行风气最盛的时期。在清代的二百多年间，一些地方性的刺绣流派如雨后春笋般兴起，著名的有苏绣、粤绣、蜀绣、湘绣、京绣、鲁绣等，同时也吸收外来文化的影响，绣品表现出东西文化碰撞的时代特色。

如今，尽管时代风尚不断演变，机械化的生产方式取代了传统的手工业，但作为传统文化遗产

绣工精美的鞋垫（Imaginechina 提供）

中国服饰

的刺绣技艺却被很好地继承了下来。中国不仅有许多地方名绣，一些少数民族如维吾尔族、彝族、傣族、布依族、哈萨克族、瑶族、苗族、土家族、景颇族、侗族、白族、壮族、蒙古族、藏族等也都有其精彩的民族刺绣。刺绣工艺不仅用于服饰和家居用品中，更融合了中国绘画、书法的精髓，以一种独特的艺术品形象，生动地展示着中华文化的特色。

"丹凤朝阳"是中国丝绸的经典图案，给人吉祥和悦之感。此为江苏苏州桃花坞出品的木版年画作品。(王树村藏)

86

原生态服饰之美

饰物与神话传说

中国的少数民族服饰素以色彩鲜明、工艺精美、装饰丰富而著称，对服饰细节的重视往往与其族源历史有关。那些世代相传的纹样、图案和饰品不仅是精工细作的工艺品，更是一个民族文化传统的延续，人们可以从中品味丰富的社会内涵，亦可发掘出其背后的习俗与禁忌。而今，仍然有不少边远地区的少数民族保留着他们的传统服饰，呈现出一种与城市商业文化迥异的原生态文化之美。

中国西南边陲居住着古老的德昂族人，德昂族服饰中最引人注目的是女子腰间的数圈或数十圈藤箍。传说德昂人祖先是从葫芦里出来的，男人的容貌都一模一样，女人出了葫芦就满天飞，天神将男子的容貌区分开来，又帮助男人捉住了女人，并用藤圈将她们套住，女人再也飞不了了，从此与男人一起生活，世代繁衍。

腰箍是藤篾做成的，也有的前半部用藤篾，后半部是螺旋形的银丝。腰箍宽窄粗细不一，多用油漆涂上红、黄、黑、绿等颜色，上面还刻着各种花纹或包上银皮。佩戴的腰箍越多，做工越讲究，就越显荣耀。恋爱期间那些颇为精心制作的腰箍，可以显示情郎哥的心灵手巧和对姑娘赤诚的爱；成年妇女佩带腰箍越多，所用质料越高级，则表示她丈夫的经济实力强和她在家中的地位高。

畲族女性的传统服装凤凰装（李凌绘）

在贵州六枝特区居住着苗族的分支——长角苗，长角苗总人数仅6000多人，是中国人口最少的民族支系之一。他们长期生活在海拔1600米的大菁山上，过着一种现代人认为与世隔绝的、原始部族式的生活。这里的女性头饰巨大而沉重，用一根1.5尺—2尺的牛角状木板将3—6公斤的黑发盘在脑后，再在木板上把假发盘成巨大的"∞"字形。头饰高约15厘米，两头垂于耳下到两肩上方。长角表达着这个民族对自然的崇拜。（陈一年摄，香港《中国旅游》图片库提供）

文身是一种重要的土著文化特征，其纹样大多与原始崇拜关系密切。此为傣族文身男子。（陈一年摄，香港《中国旅游》图片库提供）

带腰箍的德昂族妇女（李凌绘）

彝族妇女的腰饰很独特，非但谈不上美丽轻柔，甚至还很粗犷。彝女传统上佩戴黑色大腰环，一般由榆树皮做成。这里有一段传说，古代的彝族人遭遇敌战时，女子也和男子一起奔赴战场，她们英勇善战，战斗中常以铁皮腰环护身。后来，彝族妇女不参战了，但仍然坚持用黑色腰环这种装饰，以此作为一种护身符和吉祥物。

佤族姑娘也讲究佩腰箍，过去多是用竹、藤制作，只有富裕人家的女子才用若干串珠或若干黑漆竹圈穿成，再讲究的则用银质腰箍，上面带花纹。她们在上臂和腕上都装饰着银镯，大腿和小腿上也戴有若干竹圈或藤圈。

傣族姑娘的银质腰带十分珍贵，有的是由母亲传女儿，世代相传下来的。可是在日常生活中，银腰带常被作为爱情信物，如果姑娘将银腰带交给哪个小伙子，那就意味着她已爱上了他。

北方的蒙古族也有独特的腰饰。每逢草原大聚会，举行最具民族特色的跑马、摔跤比赛时，小伙子都要在腰部围上特制的宽皮带或绸布带。在平时的着装中，腰带也是不可或缺，有的用皮革制成，更多的时候是用棉布和绸缎，长约三四米。因为蒙古人是以畜牧业为主的马上民族，又地处风沙较大的严寒地带，扎腰带不仅能防风抗寒，骑马持缰时还能保持腰脊的稳定。男子扎腰带时，为了骑乘方便，多把袍子向上提，腰带上还要挂上蒙古刀、火镰和烟荷包。女子扎腰带时，总喜欢将袍子向下拉，以使之穿着平展，腰肢突出，以显身材的挺拔、俊俏。

鄂温克族牧民袍外的腰带也有自己的文化内涵，男子如果不系腰带，会被认为是对人不礼貌的行为，女子平时可以不扎腰带，但劳动时必须系上。同是从事畜牧业的裕固族人也十分讲究腰带的穿戴，男人多用红、蓝两色，并在腰带上垂挂着腰刀、火镰、火石、小酒壶、鼻烟壶或旱烟袋等，女子多系扎红、绿、紫色腰带，上面还时常系几条鲜艳颜色的手帕。地处中国西北的俄罗斯族人喜欢细细的腰带，这些腰带有些是用皮革，有些是用布质，更多的是用丝线编织的绦带，在腰的右侧打成一个美丽的结，带子的流苏自然下垂。羌族人擅长挑花刺绣，他们除了直接选用织锦腰带外，还爱在布质腰带上挑绣出绚丽多彩的各种图案。

各式各样的腰饰以其丰富的文化含量和特有的装饰效果吸引着现代的人类学者和时装设计师。追根溯源，腰饰有着原始的生命崇拜意味；而在追求变化和讲求服装搭配美学的现代人看来，腰饰已是一种必不可少的流行元素。

到过中国浙江、福建、广东、江西等地的人，如果见到当地的畲族姑娘，一定会为她们奇特的头饰——"凤凰冠"所吸引。那是红色的从脑后弯至额头的圆砣状头饰，因为红头绳与辫发相连，说是发型也可以。已婚妇女的发型与此不同，她们将头发从后面梳成长筒式发髻，把一个鸡冠形的帽儿盖在后脑部位，发间有红绒线环束。还有的是在头顶上放一个5厘米或更小一点儿的小竹筒，把头发绕在竹筒上梳成螺形。梳头时不仅要用茶油和水涂抹，而且掺以假发，因此显得高大、蓬松、光亮喜人。

青海塔尔寺跳神用的面具（蔡醒民摄，香港《中国旅游》图片库提供）

贵州民间少数民族妇女常用的服装面料——蜡染,是用特制的铜蜡刀沾蜡液按图案花纹绘于白布上,待蜡凝固后,将织物在土靛染液中浸染,然后晾干,再用沸水煮去蜡质。这样,有蜡处因有蜡防染而未着色,便形成各种美丽的蓝底白花纹样。大块的蜡质防染处,由于靛蓝浸入蜡的裂痕中而形成冰裂纹。此图为孔雀图案蜡染作品(贺淮波摄,香港《中国旅游》图片库提供)

    新娘戴的"凤凰冠",是用竹筒做的一种小而尖的帽子,用黄布包着,上面装饰着银牌、银铃和红布条,后面有四条红布条一直垂到腰间,前边还有一排银质小人儿,垂吊在前额,遮掩住面部,新娘在俏丽之中又添神秘。喜庆日子里,畲族人要穿上整身的"凤凰装",既是对祖先的怀念,又可以感受到先人的护佑,这就是存在于服饰中的祖先崇拜吧。中国乃至全人类服饰中,都有原始崇拜的文化观念以各种形式反映出来,有的是整体服饰形象,有的只是一处细节。

    传说畲族始祖名为盘瓠王,他因为在征战外敌时有功,被部族首领招为驸马,娶了首领的三公主。盘瓠王成亲那一天,新娘母亲送给女儿一顶非常珍贵的凤凰冠和一件镶有珠宝的凤凰衣,以示对女儿的祝福。三公主婚后生下三男一女,生活幸福美满,当她的女儿出嫁时,美丽、高贵的凤凰竟神奇地从山上飞出

来（此山后名凤凰山，地处今广东省境内），嘴上衔着一件五彩斑斓的凤凰装。从那以后，畲族的女性就以穿凤凰装为最美的盛装，有一种神圣的意味，祈求万事如意。

如今的凤凰装是在衣服上刺绣大红、桃红或夹着黄色的花纹，讲究的再绣上金丝银线，以代表凤凰那绚丽的羽毛。头上的凤凰冠则代表尊贵的凤首。因为传说中凤凰是懂音乐的，为神界的音乐家，所以这套凤凰装还要全身悬挂叮当作响的银饰，仿佛就是凤凰的鸣啭。

生活在川滇大小凉山的彝族，有着历史悠久、独具特色的服饰。彝族人崇尚皮铠甲，因为相信皮铠甲能护佑家族和个人平安。传说古人用犀牛皮和大象皮制成铠甲，现在看流传下来的都是黄牛皮制成的，它用生牛皮为胎，髹饰漆并饰有彩漆花纹，其动物纹为龙蟒，四周是箭头，边饰为云彩。其寓意为：龙蟒是天神派遣降临人间，帮助铠甲的主人战胜敌人的，可防矛避剑，保护穿甲人平安并取得胜利。彝族民间将铠甲分为雄性和雌性两种，雄铠甲色彩以红为主，雌铠甲色彩以黑色为主。在彝族人的其它艺术品中也爱用黑、红、黄三色，黑色表示尊贵庄重，红色象征勇敢热情，黄色则代表美丽和光明。彝族人尚黑、敬火、尚武，这在皮铠甲上得到了完美的体现。

傣族女性喜欢在服饰上绣饰孔雀，除了表达对祖先的追忆，她们还虔信孔雀能给傣人带来吉祥。傣族的一首长诗，描写了一位美丽善良的孔雀公主，有一天，她飞到湖中沐浴，被深爱着她的王子偷拿了孔雀衣，王子希望以此留住孔雀公主。他们相爱了，遂结为夫妻，过着幸福的生活。孔雀王得知后却不允，派兵来征讨，王子率兵前去应战。可是王子的父亲听信谗言，要杀死

角冠饰在苗族地区极为常见，这种银角冠最长的几乎为佩戴者身高的一半，漂亮、精致，具有浓重的原始崇拜气息。（陈一年摄，香港《中国旅游》图片库提供）

孔雀公主，公主要求死前穿孔雀衣跳一次舞蹈，结果借机飞走。王子祈求神龙相助，越过山河海洋重新与公主团圆。为纪念这对幸福的爱侣，傣家人每逢节日都要穿上孔雀衣，或是在服饰上绣上孔雀纹，大家一同起舞，表示对美与幸福的祈愿。

生活在广西的瑶族人，男人都穿白裤，但并非素白，而是在膝盖上缝着五条或七条竖直的红布装饰，也有的是用红线绣成，再缀上各种形状的小图案。这种在白裤上缝红布装饰的做法，也是来源于一个感人的祖先崇拜的故事。很早以前，他们的祖先过着安居乐业的日子，忽然来了一个魔鬼，要人们把粮食和姑娘都献给他，并要所有人都听命于他。部落中有一位英俊勇敢的小伙子，带领男女老少上前搏杀，并率先追杀到了山里。当人们赶到

时，发现小伙子已经和魔鬼同归于尽了。他手中还抓着魔鬼的头发，衣服上留下了被魔鬼巨爪抓破染红的血迹。人们为了缅怀这位为人民驱除恶魔的英雄，就在白裤上绣或缝出红色的竖纹图案，象征抓破的血痕，以纪念先人，激励自己。

有意味的帽子

在中国大小兴安岭的茫茫林海中，长期以来居住着以动物毛皮为衣的鄂伦春人。鄂伦春人的衣服几乎都是用狍子皮做成的，秋冬时用秋冬季捕获的狍皮，毛长而密，皮厚结实，防寒能力强;夏季穿的皮衣选用夏季捕获的狍皮，因为这时狍皮毛质疏松短小。

在鄂伦春人的狍皮衣物中，有皮袍、皮袄、皮裤、皮靴、皮袜、皮手套、皮围裙、皮坎肩等，连肩上背的包，都是狍皮做成的。在这些皮衣物中，最有特色的是狍头帽。狍头帽是用完整的狍子头的毛皮做成的，传统制法是将狍子头皮剥下来，晒干之后，涂上捣碎成糊状的兽肝或拌水的朽木渣，卷起来，闷上一两天，令皮板上的脂肪等附着物变软发酵，再将朽物刮掉，反复揉搓，直到皮子柔软。眼眶部位需要缝上两块黑皮子，当作眼睛，再把两只耳朵割掉，换上狍皮做成的假耳朵。这样，一顶惟妙惟肖的狍头帽就制成了。狍头帽用假耳，完全是狩猎的需要——狍头帽是最好的诱惑

贵州东部和湖南西部的苗族男女的头帕，短则仅四五米，长则十多米，在头上呈桶状层层环绕，以高为美，因高而奇。(陈一年摄，香港《中国旅游》图片库提供)

在中原地区大人有用老虎的造型打扮小孩的传统，头戴老虎帽、脚穿老虎鞋、手抱老虎玩具，睡觉还要枕着老虎枕头。此图中小孩所戴即为常见的棉制"老虎帽"。(1950年摄，新华社摄影部提供)

猎物的装饰。当猎人隐藏在树丛中时，只有帽子显露在外，野狍子常会以为是同类不加提防，很容易就出现在猎人的视线中，便于猎人捕获猎物；如果狍头帽上是真耳朵，连其他猎人都被迷惑了，那就极易被误射。

同在中国东北生活的达斡尔人也爱以动物头皮做皮帽，只不过不限于狍子头皮，也用狐狸皮和狼皮。同居于中国东北，世代生活在额尔古纳河以南茂密的森林、草原及河谷地区的鄂温克族人也戴兽头帽，他们除了选用狍子头外，还用犴头和鹿头，风格粗犷而又逼真自然。以真兽头做兽头帽可说是东北游牧民族的一个服饰特色，这与他们从事与狩猎相近的经济活动是分不开的。

帽子，因为在整体服饰形象中居于最高位，因而格外受到重

【皮履】

古人冬季御寒时穿皮履，现存皮履实物，以湖南长沙战国墓出土者年代为早。其鞋面用经过鞣制的皮革做成，鞋底采用硬皮，制作时先将皮革按照脚形裁成数块，四周裁为若干长条，鞋面则裁成方形，然后逐一缝缀相联，制成鞋帮，最后加上鞋底即成。

广西过山瑶族妇女独特的头饰（陈一年摄，香港《中国旅游》图片库提供）

视，往往集中体现着服饰文化。有的记载着民族的起源，有的显示着人们的聪颖，有的关注当地的气候，也有的标志着着装者的社会地位或经济条件。总起来看，人们都在帽子上发挥着艺术的天赋，无论体现什么，都忘不了表现美。

裕固族的白毡帽像一个倒置的喇叭，"喇叭口"向外延伸，形成圆形帽檐，上面有两圈黑色丝绦，"喇叭嘴"向上竖立起来形成帽顶，顶上装饰着各种花纹，最具特色的是缀着红缨穗。据说这种帽子是为了纪念裕固族历史上的一位女英雄，她为了族人的幸福，与魔鬼搏斗至流尽最后一滴血，红缨穗代表着她流的鲜血。

聚居在云南红河等地的彝族姑娘，都有一顶心爱的鸡冠帽。这里也有一段故事。传说一对恋人为了寻求幸福和光明，解救乡亲于黑暗当中，高举火把去与魔鬼搏斗，可是不幸落入魔掌。后来，姑娘机智地逃出，在老人指点下，让公鸡高叫，将太阳唤出，驱除了魔鬼。姑娘救活男友，众乡亲也见到了光明，摆脱了黑暗。人们认为公鸡能给人间带来吉祥、光明、平安和幸福，也为了永世不忘公鸡的救命之恩，便做成鸡冠帽戴在姑娘的头上。除彝族外，云南的哈尼族、白族少女也喜欢戴鸡冠帽。其形态、风格大同小异。

柯尔克孜族的帽子也有着一段传奇。古时候，有一个勇敢贤明的大王，发现在战斗中因为本族人衣帽不一致，部队杂乱无章，而且也不易辨认。于是，他召集各部，下令用40天时间，给战士们设计好一种统一的帽子，这种帽子，既要像一颗光芒四射的星星，又要像一朵色彩斑斓的花朵，既要像一座白雪皑皑的冰峰，又要像一座绿草如茵的山坡，既能躲避雨雪，又能防止风沙袭击。39天过去了，始终没有设计出令大王和民众都满意的帽子。到了第40天，一位谋臣的聪明美丽的女儿设计出了一种带装饰性的白毡帽，大王非常满意，下令所有军民戴用，从此传留至今。这种帽子用羊毛毡制成，呈平顶或尖顶四棱的卷檐形，帽檐左右两边各开一个口，使帽檐形成前后两半，同时上卷，可以遮雪避雨；如将前檐垂下，可以遮蔽阳光；两檐同时垂下，可以防止风沙。柯尔克孜人将这种帽奉为圣帽，平日不戴时，要把它挂在高处或不易被人碰到的地

云南哈尼族男子的首服（吴家林摄，香港《中国旅游》图片库提供）

福建惠安的女子头戴黄色竹斗笠和花头巾,斗笠涂上黄漆,具有防日、防雨淋作用。花头巾为四方形,一般是白底、绿或蓝色小花,或是绿或蓝底小白花,折成三角形包系头上,有避风沙、御寒保暖和保护发型等作用。(王苗摄,香港《中国旅游》图片库提供)

方。不能随便抛扔,更不能用脚踩踏,也不能用它开玩笑,因为这些都是不吉利的。

古代的蒙古贵族妇女戴一种高而大的帽冠,后来这帽冠已不限于贵族妇女,民间每逢喜庆节日或大典时,普通妇女也戴。这种冠是以桦树皮围合,30—50厘米高,顶端呈四边形,外用彩绸包裹,缀以珠片、琥珀和孔雀翎或山鸡羽毛等。冠上其它装饰都可以随意加减,惟独飞禽羽毛不可少。除此之外,姑娘们还讲究扎裹围巾,一般用一米多长的布或绸缎在头上缠绕。由于地区和年龄的关系,缠绕方式有些差异。

信仰伊斯兰教和东正教的民族,都格外重视帽子,甚至可以说每天都离不开帽子,因为根据教义,不戴帽子走在外头是对天的亵渎,出现在长辈面前是对长辈的不敬。其中回族以白布无檐小圆帽为主,与黑布帽一起,作为"礼拜帽",即做礼拜时戴的帽子。由于回族信仰宗教时有教派的关系,因此帽子造型有五角、六角、八角的区别,甚至还有硬盔帽。女人的盖头、围巾的颜色也因教派、地区和年龄的关系而有所不同。由此可见,服饰关联着文化,尤其是首服,往往直接与宗教信仰有关。

　　新疆地区的维吾尔族人多信仰伊斯兰教，男女老幼基本上没有不戴帽的，戴帽远比回族普遍。维吾尔族的小帽子非常漂亮，不仅织花精致，造型多样，同时还有许多戴帽的讲究，如要根据地区、性别、年龄和场合，戴不同种类的花帽。可以这样说，维吾尔族的花帽和他们的歌舞一样著名，既是族人的日用品，又是传统的工艺品。花帽的样式多，上面的图案也很美，有的深地白花，素静雅致，有的繁缛富丽，花卉中穿插着小鸟，密至几乎不留空隙，还有的沿圈有数朵小花，更讲究的是用金银线联缀珠穗成花卉图案。

冰雪中的蒙古族猎手戴着兽皮做成的帽子。(额博摄，香港《中国旅游》图片库提供)

披肩与裹褙

　　"披星戴月"或"七星披肩"，是指纳西族妇女的羊皮披肩。它一般用整张黑羊皮制作，上部缝着6厘米宽的黑呢子边。两肩处用丝线绣成两个圆盘，代表日月。下面横着一排七个小圆盘，代表星星。整个披肩用宽宽的白布带子十字交叉于胸前固定。

　　除了纳西族妇女，其他少数民族也有各式的披肩。在云南西部的彝族地区，妇女们喜欢戴一种别具一格的服饰品——"裹褙"，功能与"披星戴月"相似：在背着大竹篓重物爬山时，可以避免坚硬而沉重的背篓把腰硌伤；即便不背重物时，裹褙也可以保温护腰；外出劳动休息时，还可以当座垫用。彝族的裹褙不同于纳西族羊披肩的地方，在于尺寸较小，一般直径约25厘米，厚约1厘米，而且不是用整张羊皮制作的，而是一块圆形的羊毛毡。裹褙上钉有两条长近2米的绣花系带，系带从胸前交叉，将"裹褙"搭在背后，遮住腰部和臀部。从风格和做法上看，裹褙有两种：一种是传统的，不包布面，只是在白色羊毛毡面上绣有两个形似铜鼓晕纹的图案，以及两个横置的长方形图案。图案通常为黑色，中间装点少许红、黄等色，风格

独龙族妇女服饰形象（李凌绘）

清代彩绣云肩实物（周祖贻摄）

古朴粗犷。另一种以黑布包面，上面绣以各种精致美观的图案。裹褙披挂在身上，可以同色彩绚丽的服饰相映生辉，从而构成了滇西彝族女装的一大特色。

关于裹褙上的装饰，有一段美丽的传说。相传很久以前，正逢兵荒马乱，几个被官兵追赶的彝族姑娘躲进了大理东边的青华洞，正当姑娘们惶恐不安时，洞里出现了几只蜘蛛，在洞口结满了网。追兵赶到搜查时，见洞口有满满的蜘蛛网，断定洞里没人，便急匆匆地到别处去了。姑娘们脱险之后，为了感谢蜘蛛的救命之恩，便把蜘蛛绣在毡子上，这就是那两个圆形带着一圈尖角纹的图案。还有另外一种说法，那两个圆形图案是两只睁着的大眼睛，身披裹褙，等于在身后增加两只睁着的眼睛，可以令妖魔望而生畏，不敢接近。

居住在西藏门隅地区和墨脱县的门巴族妇女，有在袍后披一

披云肩的明代妇女（明代画家仇英绘《六十仕女图》局部）

传统的刺绣披肩（香港《中国旅游》图片库提供）

纳西族妇女"披星戴月"（李志雄摄，香港《中国旅游》图片库提供）

块完整小牛皮或山羊皮的习俗。少女们一般披羊尾和四条腿俱全的小羊皮，成年后则披牛犊皮或山羊皮。即使在婚礼上，盛装的新娘也要披一张好羊皮。相传唐朝的文成公主（？—680）入藏时，曾为辟邪披了一块兽皮，她途经门隅时，将这张皮赐给了门巴妇女。这显然是一个关于民族友好与交流的传说。披在背上的小羊皮和小牛皮，主要有两个用处，其一，门隅地区气候寒冷潮湿，披块皮子可以保暖、防潮和遮挡风雨；再者，居住地区山坡陡峭，路途狭窄，搬运重物时宜背不宜挑，羊皮有与纳西族的披星戴月、彝族的裹褙相同的功能。

川滇大小凉山的彝族男女都穿用"察尔瓦"。察尔瓦很大，相当于一件宽大的披风，以麻辅以羊毛织成，

它的用途很广泛，有"昼为衣、雨为蓑、夜为被"的说法。老年人一般穿黑、蓝色察尔瓦，年轻人则爱用红、黄、绿、橙、粉等对比强烈且艳丽的颜色。由于它上端系在肩上颈间，前面敞开，下端有穗，因而使男性穿上后显得威武雄壮，再配上头裹的"英雄结"，独具一种慓悍豪迈之气；女子穿上色彩艳丽的察尔瓦，配以头顶的花头帕，以及交叉盘压的两个小辫，端庄质朴中平添了几分俏丽。

　　羌族人的羊皮坎肩前襟敞开不系钮襻，虽然不属披肩类，基本上也是披挂式的。羌族人的羊皮坎肩是民族标志性的服饰，无论男女老少，即使是刚学走路的婴儿，也穿着一件"出锋"的皮坎肩。皮坎肩不挂面，外面是光皮板，边缘以线缝出图案，或是就用线缝出排列整齐的大针码。"出锋"即是说里面皮毛长长地露在边缘外，包括肩头、前襟和下摆。羌人自称其为"皮褂褂"。穿着时，晴天毛向内，雨天毛向外，这是为了让雨水顺着皮毛往下淌，这同彝族的"察尔瓦"一样，也能起到蓑衣的作用。羌族人还有一种用棕黑色羊毛织造的毡子褂，长约1.5米，质地粗厚。它与皮坎肩一样，既能防寒，也能遮雨，如果需要的话，还可以当座垫或是当被盖的。在背

云南纳西族妇女服饰形象（李凌绘）

负重物时，可以借助它保护肩背。

披起来最显潇洒、彪悍的，是独龙族的条纹麻布毯。本族人称其为"约多"，外族人习惯称其为"独龙毯"。由于独龙人男女老少都披这种麻毯，所以成为最有特色的服饰。独龙毯的披法，乍看起来差不多，都是斜披在一肩，露出另一肩，以露左肩为多。但若细分起来，也有讲究。男子是以麻毯斜披背后，由左腋至右肩，披向胸前拴结。女子披两块方毯，自肩斜披至膝，左、右包抄向前，其自左抄向右者，腰际以绳紧系贴身，遮其前后，自右抄向左者，则披上脱下更加自如。

由于独龙毯的条纹有宽有窄，搭配协调，且色彩古朴，因此邻近其他民族的人，也喜欢购来穿用。不过，别人穿起独龙毯来，似乎总缺少独龙人特有的原始神韵。独龙人男女都散发，前额垂着齐眉发，后面的头发直披在肩，左右盖住耳尖，两耳垂着大而圆的耳环，或是以竹子穿在耳孔中。过去的独龙女子多文面，并且还要用锅底灰拌和成黑色汁液，浸在纹刻着图案的脸上。

披在肩上的服饰，大多是从生产劳动或生活用途出发逐渐演变成的装饰品，而且至今仍保留着装饰和实用的双重功能，较之装束整齐的衣着，它往往显得更随意，更原始，充溢着自然赋予人类的纯朴与英武。这大概就是现代服饰失掉的山林之风吧。

藏区服饰剪影

古老的青藏高原是藏族、门巴族、珞巴族等少数民族世代繁衍生息之地。雄伟的喜马拉雅山和宽阔的雅鲁藏布江，造就了这

些民族豪放粗犷的性格，也形成了青藏高原迥异于其他地域的民族服饰文化。

很难以一两种款式来概括藏族的服式和佩饰。恰恰相反，藏区服装饰品的款式、种类数不胜数，千姿百态。

最能表现藏族服装特色的款式是藏袍。这种袍服男女老少都穿，长身，皮筒包面镶边，既无口袋，也无纽扣。平日里男袍多为素色，镶以宽大黑边，节日盛装则要穿有彩色镶边的；女袍边饰更为艳丽。最有代表性的镶边所采用的质料是一种毛织物，色彩和图案很讲究，特别是牧民的藏袍镶边，常用蓝、绿、紫、青、橙、黄、米等色竖条纹组成五彩色带。女皮袍的肩部、下摆和袖口，常用近10厘米宽的黄、红、绿、紫色条纹，而且常常大胆使用红配绿、白配黑、红配蓝、黄配紫等互补色，有时候还要在强烈的对比中夹以金银线，那种明快、和谐的艺术效果给人以强烈的艺术感染力。

在青海藏区，甘肃的甘南、天祝，以及四川阿坝等地，男子喜欢用金钱豹皮作装饰，据说这与吐蕃王朝时期的军旅生活有关，当时曾以虎豹皮奖励战场上的勇士和有功者，而以狐尾羞辱那些战场上的懦夫和逃兵。由于高原气候的特点是早晚凉、中午热，因此无论男女，每逢中午天气热时，常爱将右袖褪下来，掖在腰带上，这样可以方便散热，调节体温。过去男人袍服里就裸露着上身，黝黑遒劲的臂膀显露出高原人特有的质朴雄壮。随着生活水平的提高，以及受到现代城市服饰的影响，在对外交往和盛大节日时，藏族的男人已习惯在袍服里穿上白衬衫，女人们则在藏袍中穿着各式碎花的布褂，穿着后斜露一个肩与臂，这种典型的藏服已为人们所熟悉。

青海玉树藏区的藏族妇女头饰（翟东风摄，香港《中国旅游》图片库提供）

四川理塘牧区藏族妇女服饰（林晶华摄，香港《中国旅游》图片库提供）

佩戴天然宝石饰品的云南藏族青年（谢光辉摄，香港《中国旅游》图片库提供）

　　除了藏袍外，在拉萨地区、日喀则地区和广大的康巴地区，还有一种典型的服饰"邦单"。这是一种系在腰间，从腰前垂至裙下摆的长围裙，它竖分三块又缝制在一起，每块均有着色彩艳丽的横条纹。这种围裙也是毛织物为料，横纹线有宽有窄，由大红、翠绿、天蓝、柠檬黄、紫、白等色条有规律地拼和而成，隐隐泛着光泽，看上去有一种七色阳光的效果。

　　藏族人的发式，或散发披肩，或梳辫，农区人多梳两辫，牧区人一般梳多辫。一般来说，很多地方的藏女是长发披肩，再配上晒得红红的脸膛，浓眉大眼，高高的鼻梁，高原女子的风采格外抢眼。男子如今多为短发，过去也梳辫，并将辫发盘在头上，或是饰以象牙或牛骨制的圈套，拖于脑后。发式所透出来的原始野气，是青藏高原所独有的。

　　藏族整体服饰形象中少不了饰物，一个人身上的饰物多得甚至让人眼花缭乱。从头饰到耳饰、胸饰、腰饰、戒指，饰物的质料非常丰富，有金、银、珍珠、玛瑙、玉、松石、丝、翡翠、珊瑚、蜜腊、琥珀等等。其中最有代表性的是巴珠，这是一种三角形或弓形的头饰，过去贵族用珍珠或宝石，普通人用珊瑚。姑娘第一次戴巴珠，要举行很严肃的礼仪，因

西藏阿里旧时贵族妇女首饰（林恕吼摄，香港《中国旅游》图片库提供）

为这意味着成年，从此就可以谈婚论嫁了。藏族人胸前的珠子、银链、银牌等，很多与佛教有关，珠饰即是佛珠，另外还有人人都佩戴的盛放护身佛像或菩萨像的护身银佛盒。藏人腰间佩有成串的金属刀、火镰盒以及诸多银佩饰，其中腰刀和腰钩是藏族男女的独特佩饰。藏刀的历史非常悠久，长的超过1米，短的有40—70厘米，还有一种40厘米以下的小刀。藏刀的用途很多，长刀可以防身自卫，短刀可以宰杀牛羊、剥皮、割肉、切菜，小刀则用作餐具。藏刀不仅锋利无比，工艺也十分精湛，装饰考究，刀把用牛角、兽骨或硬木包裹，再缠以银丝或铜丝，并箍上铜皮或铁皮，有的还镶上银饰；刀鞘的用料和制作也十分精细，多包上黄铜或白银，并镶刻龙、凤、虎、狮、花卉等吉祥图案，有的还包上鲨鱼皮，镶嵌绿松石、珊瑚、玛瑙等名贵宝石，更普遍的是在刀柄处嵌一段牦牛角。

女性腰间除了也佩腰刀外，在日喀则地区还讲究佩带腰钩。腰钩一般用白银打制，也有的用青铜，形状扁长而两头呈如意

111

← 藏族小孩头编细辫（王苗摄，香港《中国旅游》图片库提供）

形，也有菱形且菱形四角又呈如意形的。不管什么形状，腰钩的下面都有一个圈，既是装饰，又可以挂东西。腰钩的图案，既有藏传佛教的题材，如宝瓶、法轮、鹿等，也有凤鸟、狮子、龙等汉族传统题材。在各种图案中，有一种来自于藏族民间故事的图案"和睦四兄弟"。故事讲的是远古时候，气候恶劣，大象、狮子、小兔和小鸟无法得到果实填饱肚子，后来他们团结起来，齐心协力，都获取了果实。这种收获不仅是物质的，更重要的是精神上的，和睦相处、共同生存的道理，通过动物形象以及共同摘取果实的场景表现出来。

同在青藏高原的门巴族和珞巴族，虽说各自有自己的语言和自己的服饰，但毕竟生活在喜马拉雅山南麓，与藏族相距较近，因此在文化方面有不少接近藏族的地方。除穿着类似的长袍外，门巴族男人也是戴皮帽、系腰带，女人也是散发、梳辫、戴佛珠、佩腰钩，他们的靴子与藏靴大同小异。但细分起来，门巴和珞巴服饰都有自己的独特之处。如门巴族无论男女都穿赭色长袍，男人戴褐色圆顶、橘黄色边、前面留有缺口的小帽，喜欢戴大耳环，足蹬红、黑两色的牛皮软底靴。妇女则在袍外系一条白色的圆筒围裙，另外披一块牛皮或羊皮。熊皮帽是珞巴族男子的特色首服，多数是用熊皮压制成带檐的圆盔，檐上套一个带毛的熊皮圈，毛向四周伸展，帽后垂向颈部缀一块梯形的带眼窝的熊头皮，据说可防箭射或刀砍。藤圈、圆盔也要在帽檐之下套一个带毛的熊皮圈，这种帽盔戴在珞巴人头上，远远看去，像是披散着浓浓的黑发，越发多了野性美。

珞巴族男女都讲究佩饰，如果称一称，一个人全身的饰物有时竟重达数十斤。男子要系腰带，带上镶圆形凸状银饰、贝壳和成串珍珠，带下分两侧坠几串银珠，耳坠也是垂珠，颈间还有多圈各种质料组成的项链垂在胸前，戴手镯、佩长刀、携弓箭，并随身带有烟斗、烟盒等物品。女子的饰品更是多得惊人，颈上挂的松石项链达十几串或数十串，腰间缀满海贝串、铜铃、银币、铁链、铜片以及火镰、小刀等。这些饰品的料质高低和数量多少，直接反映着家庭的经济状况。

配饰何其多

中国少数民族的服饰文化璀璨瑰丽，仅就与各式服装搭配的饰物而言，原料之广泛，工艺之精湛，造型之多样，纹饰之细腻，内涵之包罗万象，堪称一座丰富的服饰宝库。

各民族的饰物尽管质料不同，造型、纹饰各异，但大多数饰物佩戴在身上的部位是一致的，如头花、项链、耳环、手镯、指环等。此外，各民族都有自己独特的作为文化象征符号的饰物及其佩戴方式，有时候，它比衣服更具象征性，或说包含着更多的民族文化内容。这些饰物以一种独特的方式述说着民族的历史，记录着一个民族的光荣与梦想。

土族在服饰上所表现出的对色彩的挚爱，以及使用色彩时的大胆与狂热，令人叹服而迷醉。杏黄、姜黄、翠绿、深绿、天蓝、普蓝、大红、粉红、蓝、白……真正是五颜六色。土族妇女注重头饰，当地人称"扭达"。过去，扭达的样子因地而异，进入现代社会以后，逐渐简化成一种样式，只是已婚和未婚之间有差异。姑娘一般梳三根发辫，已婚妇女梳双辫；辫子的末梢相联，并且以珊瑚、松石、海螺片等加以缀饰。土族妇女的双耳佩

戴镶有红珊瑚、绿宝石并刻有花纹的金、银、铜制耳环，下垂五色珠，并在珠子上结穗；其中最讲究的是银耳坠——用数串五色瓷珠把耳环连在一起，珠串长长地垂在胸前，看上去像数条项链。土族妇女的颈部佩戴镶有二十多枚海螺圆片的项圈，腰间悬挂花纹钱袋、荷包、小铜铃、彩丝穗等饰物。

裕固族妇女到了成年，开始佩戴"头面"，表示到了可参与社交并准备婚嫁的年纪。"头面"在喜庆盛装中不可缺少，是裕固族最具代表性的饰物。具体戴法是，先将头发梳成左、右、后三条辫子，用三条镶有银牌、珊瑚、玛瑙、彩珠、贝壳等饰物的"头面"，分别系在垂于胸前和背后的三条辫子上。"头面"重量一般在3.5公斤左右，分为三段，用金属环连接，上齐耳环，下以身高定长短。少女们的头饰也很有特点：在一条长红布带的上边缀各色珊瑚珠，下沿用红、黄、白、绿、蓝五色的珊瑚珠及玉石穿成许多条穗，像珠帘一样齐眉垂在额前。

哈萨克族女子也在额前垂挂珠帘，不过不是单独的头饰，而是穿在帽子上。这种帽子是新娘的标志。未婚姑娘有一种用

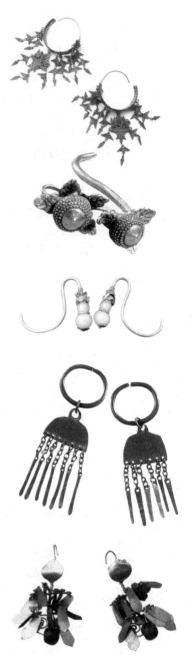

此页各种耳环均为陈龙小摄

云南西双版纳哈尼族妇女头饰 (陈一年摄，香港《中国旅游》图片库提供)

红色、绿色或黄色绒布缝制的硬壳圆斗形小帽，帽顶用金丝线绣花，并插上猫头鹰羽毛。哈萨克族人认定猫头鹰羽毛象征着勇敢与坚定，所以特别喜欢把它作为装饰。还有一种用绸缎、棉布和水獭皮或羊羔皮做成的圆帽，帽顶绣花，镶嵌有珠子、玛瑙和金银做的插孔，孔中也插一根猫头鹰羽毛。

　　傈僳族女性的饰物由于生活的区域不同而有所差异。如云南怒江地区的傈僳族已婚妇女，耳朵上戴长至肩部的大铜环或银环，头上戴由珊瑚和砗磲片穿成的"俄勒"，脖子上戴彩珠、玛瑙穿起的饰物，一直垂到胸前。丽江地区的傈僳族妇女，则讲究头戴缀满珠饰的布套头，颈部垂珠链。德宏地区的傈僳族姑娘要戴红、白、黄布的手帕，上面缀满珠饰，下面有银铃、银泡和珠坠悬垂，坠头还系有彩色的绒球和线穗；胸前挂着银项圈和串珠连成的银锁；项间还挂有数条或十数条项链。

　　"俄勒"是傈僳族服饰的典型饰品，这里也有一段美丽的传说：很久以前，一位美丽的姑娘与年轻英俊的小伙子相爱，小伙子整天在深山野林中打猎，由于没有衣服穿，身上被树枝挂得伤痕累累。姑娘看后非常难过，就翻山越岭找到野麻，剥取麻皮上的纤维，捻成线，熬了好多夜，终于织成布并做成衣衫，送给了小伙子。小伙子为了使姑娘更美丽，便用珊瑚珠等编成"俄勒"送给了姑娘。从此，"俄勒"成为姑娘们的头饰，也从此成了傈僳族男女青年之间的爱情信物。

蒙古族妇女精致的腕饰和指环（单晓刚摄，香港《中国旅游》图片库提供）

　　景颇族女性的银饰特别显眼，如果有景颇族青年妇女从远处走来，首先吸引我们的就是那挂满前胸的闪亮的银饰。因为她们爱穿黑色圆领短上衣，银饰显得格外耀眼。除了胸饰以外，还要再挂几串银项链和银项圈，走起路来，不仅银光闪烁，同时铿锵作响。再配上景颇女性常穿的大红色筒裙和大红色头箍，黑、白、红三色辉映，具有强烈的对比效果。

　　怒族女性也佩戴胸饰，多用珊瑚、玛瑙、贝壳、料珠、银币，穿成红、

满身银饰的傣族妇女（李志雄摄，香港《中国旅游》图片库提供）

云南尼汝人节日所佩戴的饰物（曹国忠摄，香港《中国旅游》图片库提供）

贵州革家妇女的饰物大多是银制，盛装时以天然石项链及银项圈混带。(陈一年摄，香港《中国旅游》图片库提供)

绿、白相间的珠串，正挂或斜挂在前胸；她们戴红色珠串组合成的头饰，或以红藤缠绕在头部；喜欢以竹管穿耳或以铜质大耳环为饰。虽然这些饰物的质料与其他民族有相似之处，但制作和穿着后所呈现出来的装饰风格却给人耳目一新之感。

说起佩饰来，恐怕饰物最多的要数苗族女性，而且几乎全是银质饰品。苗族银饰在各民族首饰中可谓首屈一指。凡妇女盛装，必佩银饰，其数目数不胜数，有银插花、银牛角、银帽、银梳、银簪、银扇、银项圈、银耳环、银披肩、银胸锁、银腰链、银铃、银手镯和银戒指等等。一个盛装的苗族妇女，全身银饰可重达二三十斤。苗家人认为，佩戴银饰不仅表示富有，也不只是出于审美需要，更重要的是有祈福、驱邪的目的。

苗族的银制品工艺历史久远，而且水平相当高，银饰造型及

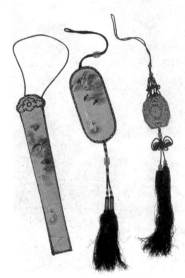

民间传世腰带佩饰（鲁忠民摄）

纹饰也非常丰富。如银手钏、银项圈等，有空心、实心、刨花和六方形、圆柱形等诸多样式。苗家银饰中，要数牛角形头饰最为引人注目，作为民族服饰品来说也最具代表性。银牛角头饰流行于贵州省黔东南地区，妇女盛装时要在高高的发髻上直插一架银质牛角。银牛角用薄厚不一的白银片打制而成，两角高高耸起，形如水牛角，上有各种图案，高与宽可达1米，重约1公斤。银角间插有压花银扇。

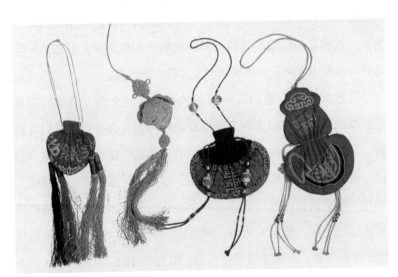

荷包是一种腰饰，男女皆宜，流传相当广。（鲁忠民摄）

此页各种首饰照片为高春明所提供

还有一种木质的牛角形头饰，主要流行于贵州省贵阳、毕节等苗族居住地。牛角用木头制成，长达50厘米，两端角尖竖起，中间有梳齿，便于假发的缠绕固定。妇女们先把长发挽髻于头顶，然后用假发和黑色棉线或丝线把木制牛角形头饰固定在头顶上。这种牛角饰仿自黄牛角，源于原始崇拜。苗族人崇尚牛，认为牛是上天神牛，降至人间助民耕田耙地，是为了造福人类。因此，他们每年都要给牛过生日，举行敬拜牛神的祭祀大礼。民间还传说，古时候苗人是男子嫁到女家，为了将出嫁的新郎打扮得威武雄壮，就给新郎头顶配上一对木制犄角，除了装扮新郎、使婚礼更有排场外，还有辟邪的目的。到近代，婚俗改为妇女嫁到男家，牛角形头饰就转移到了新娘的头上。时至今日，牛角形头饰不只限于婚礼，已是苗家女盛装的一部分了。除了大量用银饰以外，苗家的绣衣也十分精致，仅新嫁娘的一件贴绣上衣上，由彩色黄片折叠的小三角就可达17000多个。姑娘从六七岁时就开始制作，当完成这件凝聚着心血的工艺嫁衣时，差不多就到了该出嫁的年龄。

侗族人也爱银饰，而且以其多而精

云南西双版纳基诺族妇女身着节日盛装。(郭建设摄,香港《中国旅游》图片库提供)

致为着装美的最高追求。节日盛装包括银花、银帽、银胸饰、银
项圈、银手镯等数十种饰品,很多缠成麻花状,一环套一环,形
同细链。银饰帽檐上层一般要镶18个罗汉,下层嵌18朵梅花,两
鬓处各镶一个雄狮,既讲究工艺上的一丝不苟,又寄寓吉祥的意
愿。妇女生育后,娘家送给外孙的银饰件,有银帽、银锁、银项
圈、银手圈等。侗族女性的衣服多讲究颜色素雅,常用青、蓝、
紫、白为基调,局部施绣才用些浅绿、浅玫瑰红等颜色。这一点
与水族服饰很相似,水族人也喜欢黑衣、蓝衣,也要佩银胸锁、
银项圈、银手镯、银耳环、银腰链、银梳、银扣等。

　　毛南族服饰中最有名的是花竹帽,它的主要功能不是遮阳挡

雨，更多地是作为装饰品，而且大多是作为爱情信物送给心上人的。花竹帽上缀以银饰，如银簪、银梳、银环，青、蓝色衣服外面也缀以银项圈、银麒麟、银牌、银钮扣。

聚居在海南岛的黎族妇女也是银饰满身，头上戴银钗，胸前挂银珠铃，颈间戴银项圈，腰上垂挂银牌和银链，脚上系银环，甚至衣服下摆都有排列整齐的银饰。黎族的饰物不限于银饰，她们还钟情于铜钱项圈、腰间的钢质挎刀、彩珠穿成的多层串饰，以及绣有色彩艳丽图案的挎枪的带子和内装火药的胸挂。

生活在台湾岛上的高山族，到了近代，还保留着许多有原始意味的佩饰，很好地记载着人类的童年趣味，如那些装饰在男女

身上的贝饰、琉璃珠、猪牙、熊牙、羽毛、兽皮、花卉、铜质或银质饰件、装饰用的钱币、骨质或银质钮扣以及竹管等。其中一支泰雅人有一种极为贵重的服饰，是用贝壳经过精心琢磨，制成一颗颗圆形带细孔的小珠粒，然后用细麻线穿成串，再将其成行缝制在衣服上的。据说制成一件珠衣，至少需要五六万颗贝珠。

　　关于少数民族的饰物，仅用几页书纸是很难表述清楚的。20世纪80年代以来，随着经济的发展，少数民族青年纷纷走出深山峡谷，走进城市，一些饰物已出现消亡的势头。中国汉族人服饰西化，而少数民族服饰则迅速汉化，面对现代社会工业化的冲击，那些精湛的、用心灵塑造的工艺是否会真的渐渐逝去呢？

银制饰品在中国的历史相当久远。这种祝福人多寿多福的银锁至今仍在民间世代相传。（鲁忠民摄）

近现代服饰风潮

文明新装与改良旗袍

以1840年爆发的鸦片战争为标志，中国进入了近代社会。欧美列强的坚船利炮打开了这个东方古国的大门，随之带来了西方的生活方式和价值观念。在服饰方面，最为明显的变化是由出国留学人员引起的剪辫易服，特别是在中华民国（1912—1949）建立之初发布了《剪辫通令》，中国男人从此摆脱了令他们感到屈辱的沉重的辫子。而着装方面前所未有的变化是从代表着文明、进步潮流的各种新式服装开始的。

民国时期，沿袭下来的清代服饰受到欧美时尚的影响，样式和品种逐渐发生了变化。中上层社会的男士除着长袍、马褂、布鞋，戴瓜皮帽外，也穿中山服、西服、皮鞋，戴礼帽。一般民众著土布长衫（以蓝、灰为主）、土白布短衫裤、棉长袍、棉滚身短袄、棉背心、大裆抄腰裤等。中上层社会的女士小姐穿各种面料的旗袍、西式连衣裙及高跟鞋，戴金银玉翠等珠宝首饰，下层女性则以穿花布中式衣褂、绣花鞋为主。

男装在清代日常装长袍马褂的基础上，变化出了新的款式和搭配。马褂对襟窄袖，长至腹部，前襟钉纽扣5粒。长衫一般是大襟右衽，长至踝上两寸，在左右两侧的下摆处开有一尺左右的小衩，袖长与马褂齐平。穿着时，长衫外罩马甲，下配西裤，头戴西式礼帽、白色围巾、锃亮皮鞋。这种

民国初年"时装少女"（选自同名年画作品，王树村藏）

画中女子上衣为腰身窄小的大襟衫袄，下配裙装，即所谓"文明"新装。(王树村藏)

20世纪一二十年代的传统裁缝店（鲁忠民提供）

世纪一二十年代的传统鞋铺（鲁忠民提供）

民国时期的弧形下摆短袄实物（金宝源摄）

中西合璧的穿着方式是民国初期中国中上层男子的典型装束。而完全的西装革履则被视为一种大胆的新派作风。

民国初年，许多青年学生到日本学习，带回了日本的学生装。这种沿用了西式服装三片身和袖身分开剪裁的服装式样，给人朝气蓬勃、庄重文雅之感。它一般不用翻领，只有一条窄而低的立领，不系领带、领结。在衣服的正面下方左右各一个暗袋，左侧的胸前还有一只外贴兜袋。这种学生装不仅深受广大进步青年的喜欢，还衍生出了典型的现代中式男装——中山装。

中山装的特殊之处是对衣领和衣袋的设计。高矮适中的立领

图1

旗袍在袖长、衣长和腰身宽窄上多有变化，由图1—图4四款旗袍即可看出20世纪二三十年代间旗袍的变化。（金宝源摄）

（图2 周祖贻摄）

20世纪30年代旗袍裁剪图 (图4 臧迎春提供)

（图3 周祖贻摄）

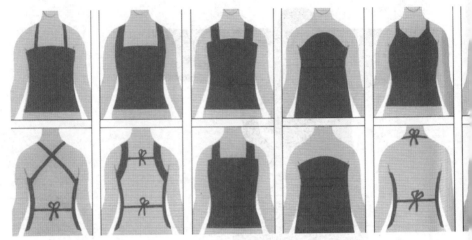

历代女子内衣沿革图（高春明编制，选自周汛、高春明著《中国历代妇女装饰》）

外加一条反领，效果如同西装衬衣的硬领；上衣前襟缝制了上下四个明袋，下面的两个明袋由压褶处理成"琴袋"式样，以便放入更多物品，衣袋上再加上软盖，袋内的物品就不易丢失。与之相配的裤子前襟开缝，用暗纽，左右各插入一大暗袋，而在腰前设一小暗袋（表袋）；右后臀部挖一暗袋，用软盖。这种由中华民国创始人孙中山(1866—1925)倡导并率先穿用的男装，较之西装更为实用，也更符合中国人的审美习惯和生活习惯，虽然采用了西式的剪裁、西式的面料和色彩，却体现了中装对称、庄重、内敛的气质。自1923年诞生以来，中山装已成为中国男子通行的经典正式装。

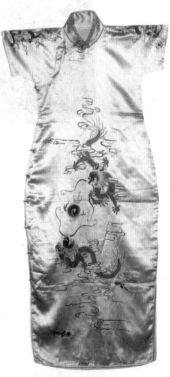

（图4 周祖贻摄）

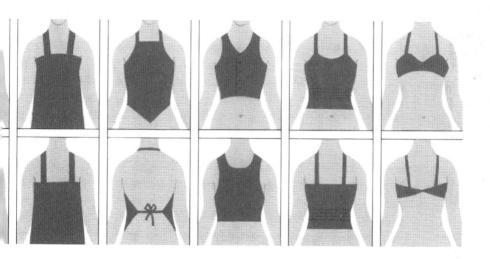

　　随着第一次世界大战的爆发，西方女权主义运动开始萌芽，妇女不再甘心做男人的附属品和家庭的牺牲品，不少妇女尝试一直是男人在做的工作，开始穿长裤、剪短发。这股风潮与席卷中国的"新文化运动"合流，女性在追求科学、民主、自由风气的影响下，纷纷走出家庭接受高等教育，谋求经济独立，追求恋爱婚姻自由。留洋女学生和中国本土的教会学校女学生率先穿起了"文明新装"——上衣多为腰身窄小的大襟衫袄，衣长不过臀，袖短及肘或是喇叭形的露腕七分袖，衣摆多为圆弧形，略有纹饰；与之相配的裙，初为黑色长裙，裙长及踝，后渐缩至小腿上部。这种简洁、朴素的装扮成为了20世纪一二十年代最时髦的女性形象。而对西方审美眼光的推崇，也影响到了中国女性整体形象的重塑。欧美的化妆品、饰品进入中国市场，美白皮肤、养护头发、向上翻翘眼睫毛、涂抹深色眼影、剪掉长发、烫发，以及戴一朵夏奈尔式的茶花或一条长长的绕颈珍珠项链、拎一只皮毛质

20世纪30年代旗
袍样式(华梅提供)

"时装少女"(选自同名
年画作品,王树村藏)

地的手提包、脚穿丝袜和高跟鞋……构成了时髦女性的日常形象。

而今天的人们津津乐道的旗袍也是在这个时期不断改良,成为了一种现代意义的时装。

所谓"旗袍",即旗人之袍,而"旗人",是中原汉族人对满族人的称谓。旗袍原本腰身平直,而且很长。1921年,上海一批女中学生率先穿起了长袍。初兴的式样是一种蓝布旗袍,袍身宽松,廓形平直,袍长及踝,领、襟、摆等处不施镶滚,袖口微喇,看上去严冷方正。这种式样的服装一经走上街头,就引起了城市女性的极大兴趣,她们竞相仿效。此后的旗袍不断受到时代潮流的影响,在长度、腰身、衣领、袍袖上多有变化。

20世纪20年代中期,旗袍的袍身和袖子有所减短,腋下也略显腰身,但袍上面仍有刺绣纹饰。20年代末期,袍衣长度大幅度缩短,由原来的衣长掩足发展到衣长及踝进而缩至小腿中部。腰身更加收紧,大腿两侧的开衩也明显升高。30年代以后,改良旗袍的变化称得上日新月异。先是时兴高领,待高到双颊时,转而以低领为时髦,低到不能再低时,又突兀地将领子加高以显示时尚。袖子也是这样,长时可以遮住手腕,短时至小臂中部,继而露出肘部,至上臂中部,后索性去掉袖子。下摆也是忽而长可曳地,忽而短至膝上。除了两侧以外，有的开衩还被设计在前襟，并使下摆呈现弧形。面料的选择上除传统的提花锦缎外，还增加了棉布、麻、丝绸等更为轻薄的品种，采用印花图案，色调以素雅为美，领、袖、襟等部位也用镶滚，却并不繁琐。中国传统的服饰形象并不突出腰身，但随着20世纪女性服饰追求身体曲线美的倾向越来越鲜明，旗袍成了展现女性性感身材最理想不过的装束。

工农装与军便服

1949年，中华人民共和国成立。建国伊始，所谓的"资产阶级生活方式"遭到批判，也涉及到了服装和着装方式。在一些半殖民地色彩较浓的沿海城市，部分市民受西方着装习俗的影响，盛行西装革履、旗袍和高跟皮鞋；而大部分的城市依然有传统的长袍马褂。到这时，虽然没有明文规定，但由于政治宣传的深入人心，无论是西式服装还是旗袍、长袍马褂，一度被视为旧时代的糟粕，受到了工农群众的摒弃，人与人之间的礼仪举止也由鞠躬作揖改为握手、敬礼。工农的着装样式——背带式的工装裤，圆顶有前檐的工作帽，胶底布鞋和白羊肚毛巾裹头，毡帽头儿或草帽，中式短袄和肥裤，方口黑布面布底鞋，等等，成了新风尚的代表。即使偶有

这幅合影照片上的人物着装反映了20世纪60年代的男装潮流。

农民也买得起大羊皮袄了。
(1950 年，新华社摄影部提供)

改进，也不过是把劳动布上衣做成小敞领、贴口袋。城市妇女则在蓝、灰外衣里穿上各色花布棉袄。喜庆节日里，陕北大秧歌的大红色、嫩绿色绸带拦腰一系，两手各执一个绸带头，绸带随舞步飘动起来的形象，几乎在瞬间风行全国。

东北工人的冬装，长短棉衣是必不可少的。(1956年摄，新华社摄影部提供)

于是，在着装方面出现了明显的整齐划一的趋势，一些典型服式的普及程度十分惊人。如列宁服与花布棉袄就能够代表这种形势。20世纪五六十年代，中苏关系密切，中国也出现了男人戴鸭舌帽——苏联人的工作帽，女人著"列宁服"的现象。所谓"列宁服"，是一种西服领、双排扣、斜纹布的上衣；有的加一条同色布腰带，双襟中下方均有一个暗斜口袋。其实，"列宁服"并不是苏联女性的服式——苏联等东欧女性多穿裙装——只因具有了工农革命的符号意味，也就成了显示民族新生的服式。穿上这种衣服，款式新颖又显得思想进步，于是，成为当时政府机关女工作人员的典型服式。

花布棉袄也是工农装的一个标志。它本来是中国女性最普遍的冬装，历史也很长了，但在20年代50年代，花布棉袄的穿着方式，则带有意识变革的痕迹。用鲜艳（多有红色）的小花布做成的棉袄，原来主要是少女及幼女的冬服，成年妇女多以质料不同的绸缎面料做棉袄面，城乡贫穷人家妇女则用素色棉布；可是由于当时具有传统特色的绸缎面料被认为带有浓重的封建味道，所

20世纪80年代以前，许多家庭主妇都能亲手为孩子缝制衣裤。此图中母女所着花布袄衫曾是一种广为流行的服装样式。(1957年摄，新华社摄影部提供)

以职业女性和女学生，就摒弃了缎面，而采用花布来做棉衣，以显示与工农的接近。

穿小棉袄时，为了不失进步形象，又防止弄脏棉衣以免频繁拆洗，一般都外穿一件单层的罩衣。20世纪50年代时，尚未走出家门参加工作的女性被统称为"家庭妇女"，这些人似乎还没有强烈的"妇女解放"意识，罩衣也大多是对襟疙瘩襻，中老年妇女则依旧是大襟式。而绝大部分女机关工作人员、女工人和女学生都用"列宁服"做罩衣。60代中期以后，随着中苏关系的恶化，女性不再穿"列宁服"，而改穿"迎宾服"，这是一种翻领五扣上衣，与当时男人穿的中山服近似，只有领式和口袋上的变化。这种所谓的"迎宾服"，在60年代中期至70年代中期的十余年间非常普遍；此后才逐渐被淘汰，但在中老年妇女中一直穿用到90年代中后期。

无论样式如何变化，那些罩住花布棉袄的外套大多为蓝、灰两色，少数是褐、黑色，且绝无杂色拼接。女人天性爱美，长期穿灰暗衣服难免感到压抑，所以，常将花棉袄有意无意做得比外罩长一点，这样就使得立领、袖口，特别是衣服下摆处隐约露出鲜艳的花色。尽管这样容易弄脏棉袄的局部，可是很多人都热衷于此，成了一种时尚。

20世纪60年代初的北戴河海滨，妇女还保留穿旗袍的传统。(1961年摄，新华社摄影部提供)

中国人多，什么服饰一旦流行开来，势头都十分惊人。谁能想到，在20世纪60年代，占世界总人口四分之一的中国人会以军服为民服呢？

中国人民解放军军服虽说属于西式军服范畴，但在具体形制上，却尽量避免欧美军服的影响，而偏向于苏联军服风格。20世纪50年代，陆军军官戴大盖帽、士兵戴船形帽，军服的领式、武装带系扎样式等都是明显带有苏式军服的特征。海军则是较为标准的国际型，军官戴大盖帽，冬天著藏蓝色军服，夏天戴白帽，穿白上衣、蓝裤；士兵戴无檐大盖帽，帽后有两条黑色缎带，白上衣加蓝条的披领，裤子为蓝色，扎在上衣外，配褐色牛皮带。因为这种国际通行的水兵服非常好看，于是童装中曾长时间模仿，制作时只是将大盖帽做成软顶无檐帽，帽子一周的"中

中 国 服 饰

作为女学生夏季校服的主要款式，背带裙曾从20世纪50年代流行到80年代末。
(1954 年摄，新华社摄影部提供)

这是上海一家定制服装的成衣店，裁缝正在为顾客试装。(1961年摄，新华社摄影部提供)

穿着水兵服风格童装的小朋友(1955年摄,新华社摄影部提供)

国人民海军"字样改为"中国人民小海军"字样,并泛称"海军服"。而其它陆军、空军的军服,普通百姓并不穿用。

1965年中国全国人大常委会决定取消军衔制,相应的变化是军人着装不分官兵一律头戴圆顶有前檐的解放帽,帽前一枚金属质红五星,上身穿制服领、五个钮扣的上衣,领子两端缝缀犹如两面红旗的长方形红色领章,没有军衔标志,也不佩肩章或臂章。官兵在服装上的区别仅限于面料和口袋,正排级及以上的军官用毛绦料,前襟上下共四个口袋;副排级及以下是士兵待遇,用的是棉布料,只有两个上口袋。女军人无裙装,也不戴无檐帽,军装式样与男装非常接近。陆军为一身橄榄绿,空军为上绿下蓝,海军为一身灰。由此,三军的制服领上衣泛称"军便服"(当年无礼服可言),最典型的军绿色成为主导的服色。

1966年至1976年发生的"文化大革命",是一段非正常时期,国家的政治、经济秩序都遭受到了严重破坏,也给社会生活和人们的思想观念带来了畸型的影响,那期间,穿着解放军服饰成了最革命、最纯洁、最可信任的象征。先是军人子弟翻出父辈的军服,一身绿军装加褐色皮腰带的形象开始引领潮流。随后,全国的大学和中学陆续

碎花棉布罩衫在20世纪五六十年代曾相当普遍。(1955年摄,新华社摄影部提供)

成立了"红卫兵"组织,小学成立了"红小兵"组织,工人、农民开始成立"赤卫队",一时"全民皆兵"。找不到真正的军服,"红卫兵"就去买仿制的军服,通称军便服;没有帽徽和领章、肩章,用印着黄色"红卫兵"字样的红袖章表明身份。

建国后的前十几年,交通警察冬装为蓝色大盖帽、蓝衣、蓝裤,值勤交警上衣臂部套白色的长及肩头的套袖;夏装为白色大盖帽、白衣、蓝裤。到了"文化大革命"风起云涌之际,警察的制服也全面仿制军服——服色改为绿色、大盖帽改为圆顶布质解放帽,黑皮鞋则改为绿色胶布鞋。只是帽前依旧佩警徽,以区别于解放军的红五星军徽。

将全民著军便服推向又一个高潮的, 是3000万城市青年的"上山下乡"运动。1964年,第一批知识青年奔赴新疆开垦荒地,成立新疆生产建设兵团,他们被欢送踏上远去的列车的时候,是一身军绿色服装,有军帽但无帽徽、领章。1968年,大规模的知识青年"上山下乡"运动开始,他们奔赴农村或边远地区

← 洗衣机在中国的家庭普及以前,人们大都用木制或塑料制的搓衣板洗衣。
(1973年摄,新华社摄影部提供)

20世纪70年代北京百货大楼出售花布的专柜（1974年摄，新华社摄影部提供）

时，国家发的几乎全部是军绿色服装。

"全民皆兵"的另一个重要内容是民兵操练，"拉出去练一练"的模拟行军相当普及。因此，工人、知识分子和在校学生都以一身军装为荣，不穿军便服的穿蓝、灰色制服，但也戴绿军帽，背一个打成井字格的行军背包，再斜背一个军用书包和水壶，脚穿胶鞋。这种人人穿军装的时代，随着中国改革开放的到来才逐渐结束。

在20世纪70年代至80年代中后期，又出现过一段冬季流行穿军棉服的景象——不分阶层、不分男女、不分职务，每到冬季，很多人都穿一件军用棉大衣。这股"新潮"军服热刮了近十年，直到20世纪90年代初期，皮衣、羽绒服等大量上市，军大衣才逐渐被人们淡忘了。

多元职业装

职业装，顾名思义就是标明职业身份的服装。1978年中国开始实行改革开放政策，代表各种职业形象的各种职业装应运而生。公安、交通管理、检察院、法院、邮政局、银行、税务、工商、民航、铁路等许多行业的工作人员都由国家按行业统一设计、制作、配发制服。一些无法统一的行业，也盛行穿着自己部门制作、发放的职业装。一些学校不仅为学生置办统一学生装，还为教师定做了西服。

穿着制服风气从20世纪80年代初迅速蔓延，色彩和款式又比较单一，一时之间给人举目皆是执法人员之感。

职业装不同于规制化了的礼服，它具有显示身份、地位、权力的作用，如经理和店员职业装款式、色彩就有差异。通常来说，一旦某一职业的人固定以某种服饰形象出现，就容易被大家识别和认可，以致人们一想到这个职业，首先就会联想到这种职业的着装形象，或是看到某种特定的服饰形象就会马上对应到它所代表的职业。邮递员被称为"绿衣使者"，医务人员被称为"白衣天使"，服装标示着人的社会角色，社会角色丰富了职业装的文化形象。

商品经济的发达程度，与职业装的发展密切相关。早在宋代，城镇经济飞速发展，职业装就已

中国国际航空公司空乘人员身穿统一制服。(Imaginechina提供)

中国交通警察全国统一着装。(Imaginechina提供)

经凸显出服饰社会化的必要性，有文字记载："其卖药卖卦，皆具冠带，至于乞丐者，亦有规格，稍似懈怠，众所不容。"这种社会对于职业装的规范，实际上是社会文明的表现。还有对当时酒楼饭铺的描述，"更有街坊妇人，腰系青花布手巾，绾危髻，为酒客换汤斟酒"，很显然，这时的所谓职业装主要是以行业区分，还没有形成某一店家的特定着装形象，但它实实在在具备了职业装的基本特征。

职业装的范围还远不止制服，外交会议、经贸谈判、办公室、科研室、学校、精密仪器车间等处的特定着装，如饭店、旅店、商店、交通行业的特色着装，再如清洁工、挡车工、搬运工等重体力劳作时的统一着装，使中国的职业装呈现出多元的样貌。

具有标识作用的职业装有助于行业或具体企业树立良好的职业形象，好的职业装甚至有一种品牌效应。随着企业形象设计意识的加强，无论设计人员还是服饰理论界，甚至使用者，都认识到了职业装的重要地位和广阔前景，人们对职业装的重视程度普遍提高。

20世纪90年代以来，伴随着中国进入商品经济时代，职业装有了更宽泛的定义，也更重视个性化和时尚度。除了已经定型的特殊行业服装外，穿衬衫、西裤，系领带似乎成

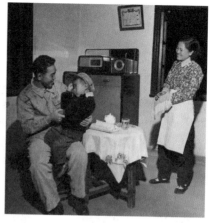

工装帽是工人职业装重要标志，近些年已不多见。（1961年摄，新华社摄影部提供）

了标准的上班族形象，而出席正式场合，男士西服革履的装束也已是一种符合礼仪的惯例。相比之下，职业女性的着装款式和搭配也有了更为自由的选择余地，在追求职业发展空间的同时，中

不同职业的白领着装风格也不尽相同。（Imaginechina提供）

穿西服系领带是在上海陆家嘴金融街工作的男士们的典型职业装。(Imaginechina提供)

国的职业女性也越来越重视自己的外表，许多媒体的话题都在强调以得体入时的装扮为自己赢得职业好感的意义。

时装与世界同步

1978年中国实行改革开放政策，也正是从那时开始，现代意义的时装与时装文化真正进入到中国普通人的日常生活。作为西方消费文化的一部分，一系列领导服饰潮流的西式时装像连绵的风，悄然改变着古老的中国。从20世纪70年代末开始，中国人除了在裁缝店加工服装外，已有条件购置成衣，服装加工业也随着中国改革开放的深入而迅速地发展，市场上的服装品种、花色也越来越丰富，购买者越来越信任品牌服装所代表的品质和时尚品位。以几次大的流行趋势为例，不难看出中国人在着装方面是如何融入世界潮流的。

喇叭裤，是一种立裆短，臀部和大腿部剪裁紧贴收身，而从膝盖以下逐渐放开裤管，使之呈喇叭状的一种长裤。这种裤型源于水手服，裤管加肥用以盖住胶靴口，免得海水和冲洗甲板的水灌入靴子。与之相配的上装则是收身的弹力上衣，呈现为A字形的着装形象。喇叭裤最初在美国塑造了"垮掉的一代"的服饰形象，20世纪60年代末—70年代末在世界范围内流行。1978年，中国改革开放之初，正值喇叭裤在欧美国家的流行接近尾声之际，中国的年轻人几乎一夜之间就穿起了喇叭裤，这股流行风尚传遍了全中国。

与喇叭裤同时传入中国的还有太阳镜。早在20世纪30年代，中国的大城市就曾流行过戴"墨镜"，以茶晶、墨晶料做片，镜面小而滚圆，时髦人物趋之若鹜。20世纪70年代末，传入中国的太阳镜流行款式是"蛤蟆镜"，镜面很大，形状类似蛤蟆眼，时髦的戴法是将太阳镜架在头顶或别在胸前。许多青年人出于一种崇洋心理，还特意保留镜面上的商标，以显示这是难得的进口货。从那以后，太阳镜的式样不断翻新，国际上流行什么样的，中国人就会戴什么样的。

牛仔装也是从20世纪70年代末传入中国的，穿着者的队伍不断壮大，从时髦青年扩大

这是一个依照中国传统建筑风格搭建的T型台，时装秀的主题是传统与现代的对话。（Imaginechina 提供）

1979 年的盛夏，正值改革开放之初，中国的街头一改千人一面的形象，服饰风格出现多元化倾向。
(1979 年摄，新华社摄影部提供)

到各阶层和各年龄段。进入90 年代后，用牛仔布做成的服饰品种逐渐扩展，出现了短裙、短裤、背心、夹克、帽子、挎包、背包等，颜色不再限于蓝色，还出现了水洗的或加了弹性的面料。

80年代初还流行过蝙蝠衫，这是一种在两袖张开时犹如蝙蝠翅膀的样式。蝙蝠衫领型多样，袖与身为连片，下摆紧瘦。后来演变成蝙蝠式外套、蝙蝠式大衣和夹克等。有趣的是，这种款式在2004 年的春夏流行趋势中竟以"复古"的面貌重新出现。

20世纪80年代中期以后，时装的款式越来越多，流行周期越来越短，时装的款式、面料不断推陈出新，中国已与世界潮流同步而行了。中国人的日常着装有各种T 恤衫、拼色夹克、花格衬衣、针织衫，而穿西装扎领带已开始成为郑重场合的着装，且为大多数"白领阶层"所接受。下装如直筒裤、弹力裤、萝卜裤、裙裤、七分裤、裤裙、百褶裙、八片裙、西服裙、旗袍裙、太阳裙等，60年代在西方诞生的"迷你裙"也在那段时间再度风行一时。

20世纪90年代初，以往的套装秩序被打乱了。过去出门只可穿在外衣里的毛衣，因为样式普遍宽松，这时可以不罩外衣单穿，堂而皇之地出入各种场合了。"内衣外穿"的着装风格，经过两三年的时间，已经见怪不怪。过去，外面如穿夹克，里面的毛衣或T恤衫应该短于外衣，但是年轻人忽然发现，肥大的毛衣外很难再套上一件更大的外衣，就将小夹克套在长毛衣外。本来只能在夏日穿的短袖衫，也可以罩在长袖衫外。很快，服装业开始推出成套的反常规套装，如长衣长裙外加一件身短及腰的小坎肩，或是外衣袖明显短于内衣袖。

那段时间，巴黎时装中出现了身穿太阳裙、脚蹬纱制长统黑凉鞋的形象。太阳裙过去只在海滩上穿，上半部瘦小，肩上只有两条细带；而作为时装出现时，裙身肥大而且长及脚踝。几乎与此同时，全球时装趋势先是流行缩手装，即将衣袖加长，盖过手背；后又兴起露腰装乃至露脐装，上衣短小，腰间露出一截肌肤。这类时装也在中国流行过，但款式没有东邻的日本开放大胆，日本流行的露脐装甚至引发了"美脐热"。而由露腰露脐引发的露肤装，倒是在中国较为广泛地流行开来，还有一种微妙的趋势：将以往袒露的手、小腿等部位遮起来，将原来遮挡的如腰、脐等部位露出来。凉鞋发展为无后帮，且光脚穿，脚趾甲上涂色或粘彩花胶片，戴趾环。甚至连提包也采用全透明式，手表将机械机芯完全显露出来，以此张扬出现代人的开放思想。

在世纪之交的几年间，中国的时装潮流顺应国际趋势，着装风格趋向严谨，特别是白领阶层女性格外注重职业女性风采，力

求庄重大方。所谓"原始的野性",如草帽不镶边、裤脚撕开线等,不再那么受青睐;袒露风开始在一些阶层、一些场合有所收敛,尽管超短裙依然流行,但为了在着装上尽力去表现女性的优雅仪态,很多年轻姑娘穿上了长及足踝的长裙。

与之相映成趣的是,一些时尚青年崇尚西方社会中的反传统意识,故意以荒诞装饰为时髦,如仿效美国电影《最后的莫西干人》的发型,两侧剃光,仅留中间一溜,染成彩色;穿"朋克装"——西方社会继嬉皮士以后,又一颓废派青年装,用发胶粘发成

1988年,ELLE杂志中文简体字版《世界时装之苑——ELLE》创刊,成为首家获官方正式许可在中国内地发行的国际性杂志。(Imaginechina 提供)

兽角状,黑皮夹克绣饰骷髅等;或将衣裤故意撕或烧出洞。于是,在衣服上开一个艺术化的"天窗"的做法,在1998年春夏之交时风行开来。这种孔可随意在衣服的任何一个部位挖,孔的边缘处理得非常精致。由于它不同于以半透明质料制成的透明装,因而被大家俗称为"透视装"。进而,整件衣服布满均匀网眼的服装出现了,这与巴黎时装舞台上的"鱼网装"显然是同步的。

前几年,中国的大街小巷还流行过"泳装潮"。这里所说的泳装,当然不是商店里出售的用于水中运动的游泳衣,而是指姑娘们青睐的一种外行常服,因为短小性感得接近泳装而得名。想像一下,如果一个女孩上穿一件吊带露脐装,下穿一件仅及大腿根的短裙或短裤,脚蹬一双无后帮凉鞋,如果不是背着挎包,你大概会觉得她是在海边或游泳池旁,而不是在城市的大街上。

21世纪初,成年女性,包括少妇和大学生,仿佛要从服饰

上寻回失去的童年似的，一下子热衷上了童装风格。头上娃娃发式，两鬓的发梢向脸颊勾起，头上还别着蝴蝶形或花卉形的粉红色、柠檬黄色发卡；着装忽而瘦小得可怜，忽而肥大得可爱；很多女孩子足蹬方口偏带娃娃鞋，肩上背着镶有小熊头图案的挎包；还有的大学生索性将奶嘴挂在胸前，一副长不大的样子。

2001年小兜肚一度盛行。戛纳电影节颁奖仪式上，影星章子怡穿着特制的红兜肚时装，两臂间披了一条长长的红色披帛，看上去像是中国古代的仕女，引起时尚界的关注，此后，她又穿了一件不作任何修饰的菱形兜肚上装出现在MTV颁奖盛典上，于是很快，在各种场合、各类媒体上，一些明星和时尚女性纷纷穿起了各式兜肚。

世纪之初，时尚潮流还有一个体现在鞋上的变化。2002年，原来那种憨憨的松糕鞋已经失宠，出现了鞋头极尖、并向上翘起

中国的年轻人了解最新的国际流行趋势并勇于表现。
（谢光辉摄，香港《中国旅游》图片库提供））

的样式，就像查理·卓别林影片主角的鞋子，而且上面镶缀着亮晶晶的饰物。而一年之后，市面上又在大卖各式仿效芭蕾舞鞋风格的圆头鞋了。

20世纪末，国际时装界青睐起东方风格来，东方的典雅与恬静，东方的纯朴与神秘，开始成为全球性的时尚元素。随着中国在世界地位的提高，穿上华服已经成为海内外华人自豪的象征。中国内地的女性自然而然地穿起了中式袄，很多男人也以一袭中式棉袄为时尚。如今的华服，并不完全是纯正的中式袄褂，很多女式华服已经时装化——上身是一件印花或艳色棉布镶边立领袄，下身配牛仔裤和一双最新流行款式的皮鞋，既现代又复古。

2001年，香港电影《花样年华》在海内外上映，剧中的女主人公在幽暗的灯光下，不断变换着旗袍的颜色和款式（有二十几种之多）时，人们看到了东方美人的古典气质。剧中人穿着旗

北京新光天地百货的国外时尚品牌专卖店

2002年，参加新丝路中国模特大赛的选手在美丽的海南三亚湾拍摄靓照，展示迷人的风采。
（毛建军摄，Imaginechina 提供）

袍，美丽、优雅而略带忧伤，许多人第一次发现中国传统的服装穿起来竟有如此的神韵。借着电影的魔力，旗袍热再度升温。

也许没有人会想到，在中国举行的APEC会议——一次颇具影响的国际性区域合作的经济和政治活动，掀起了新一轮华服热。2001年秋天的上海，当与会各国首脑身穿蓝缎、红缎、绿缎面料的中式罩衫亮相时，全世界都轰动了。国际媒体纷纷登载了元首们着华服的合影，并撰文作有关服装评论。政治家们为华服做了一次最成功的广告，与其说中式对襟袄迷人，不如说是布什、普京等身着华服所带来的巨大效应，商场里就有顾客对着服装导购人员直言要买一件"普京穿的对襟袄"。而APEC 引起华服热，还有一个潜在的基础就是蓬勃发展的中国经济。华服热所表现的是中华民族在国际舞台上发挥着日益重要的影响力。

服装面料的不断创新给中国人带来了多变的服饰形象。随

中式服装店定制并出售价格不菲的
传统服装。(Imaginechina提供)

着20世纪美丽新世界的开始，中国人可选择的服装面料由原来的
丝绸、亚麻、棉布、动物毛皮增加到了针织、毛纺品和各种人工
合成纤维，尼龙、涤纶、特丽灵、的确凉、莱卡等名词先后进入
现代汉语词汇表。服装质地的丰富大大满足了服装造型多变的需
求，而对不同面料的偏好，似乎也被越来越多的中国人视作某种
生活态度的流露——环保主义者拒绝皮草和羊绒制品，休闲爱好者
钟情纯绵质地，亚麻产品特有的飘逸感则被赋予了高贵神秘的意
味，而丝绸则为富贵与传统的形象代言。

　　也正是从20世纪90年代开始，国外的著名时装品牌纷纷瞄
准了中国的消费市场，在北京、上海、深圳、广州等大城市开设
专卖店，中国本土的时装品牌和时装模特也逐渐引起了人们的兴
趣。而随着1988年中国第一本引进国外版权的时装杂志的诞生，
越来越多的报纸、杂志、广播、电视、网络等媒体进入到传播时

西式的婚纱已经是城市新娘的潮流装扮，许多新人都喜欢到公园拍摄婚纱照。（梁臻摄，Imaginechina提供）

了解时尚、引领时尚是许多都市青年崇尚的生活态度。（陈渊摄，Imaginechina提供）

尚的领域，世界最新的流行信息可以在最快的时间内传到中国来，来自法国、意大利、英国、日本、韩国的时装、发式、彩妆潮流直接影响着中国的流行风，"时尚"所代表的生活方式和着装风格已为越来越多的中国人所接受和追逐。

20世纪业已证明是迄今最具时尚意识的世纪，高销售量的服装、配饰、化妆品市场与日益强大的传媒业的发展，使越来越多的人得以走近时装、欣赏时装、以时装为美。时装已构成了大众理解并乐于投资的一种生活方式。而自20世纪70年代末开始改革开放以来，经过30多年的发展，中国已建立起规模庞大、品类齐全的服装加工体系，加工能力位居世界第一，成为服装加工大国。随着21世纪头十年经济的发展和加工水平的提高，中国服装业正在从加工优势转向产品贸易和品牌经营，北京、上海、香港三个国际知名的大都市及一些沿海经济发达地区的中心城市，正在成为中国乃至世界日益重要的成衣中心。

附录：中国历史年代简表

旧石器时代	约170万年前—1万年前
新石器时代	约1万年前—4000年前
夏	公元前2070年—公元前1600年
商	公元前1600年—公元前1046年
西周	公元前1046年—公元前771年
春秋	公元前770年—公元前476年
战国	公元前475年—公元前221年
秦	公元前221年—公元前206年
西汉	公元前206年—公元25年
东汉	公元25年—公元220年
三国	公元220年—公元280年
西晋	公元265年—公元317年
东晋	公元317年—公元420年
南北朝	公元420年—公元589年
隋	公元581年—公元618年
唐	公元618年—公元907年
五代	公元907年—公元960年
北宋	公元960年—公元1127年
南宋	公元1127年—公元1279年
元	公元1206年—公元1368年
明	公元1368年—公元1644年
清	公元1616年—公元1911年
中华民国	公元1912年—公元1949年
中华人民共和国	公元1949年成立